《中国云图》编委会

主　　任：李　黄

副 主 任：毛耀顺　喻纪新

编　　委：（以笔画为序）

　　　　　王存忠　王晓辉　朱祥瑞　阮水根

　　　　　汤　绪　李太宇　宗曼晔　俞卫平

　　　　　郭恩铭　韩通武

主　　编：郭恩铭

副 主 编：俞卫平　王晓辉

中国云图

中国气象局

China Meteorological Press

图书在版编目（CIP）数据

中国云图 / 中国气象局编著．—北京：气象出版社，2004.5
（2024.7 重印）
ISBN 978-7-5029-3739-3

Ⅰ．①中… Ⅱ．①中… Ⅲ．①云量－天气图 Ⅳ．① P455

中国版本图书馆 CIP 数据核字（2004）第 016321 号

中国云图
Zhongguo Yuntu

出版发行：气象出版社			
地　　址：北京市海淀区中关村南大街 46 号		邮政编码：100081	
电　　话：010-68407112（总编室）　010-68408042（发行部）			
网　　址：http://www.qxcbs.com		E - mail：qxcbs@cma.gov.cn	
责任编辑：俞卫平		终　　审：陈云峰	
责任校对：吴庭芳		责任技编：赵相宁	
封面设计：王　伟			
印　　刷：北京中科印刷有限公司			
开　　本：889 mm×1194 mm　1/16		印　　张：19.5	
字　　数：644 千字			
版　　次：2004 年 6 月第 1 版		印　　次：2024 年 7 月第 3 次印刷	
定　　价：500.00 元			

本书如存在文字不清、漏印以及缺页、倒页、脱页等，请与本社发行部联系调换。

序　言

云的观测是气象观测中最基本的项目，而目测至今仍是云的观测最常用的观测方法。人类气象知识的积累，最早即是对云和天气现象的直接观察，因此人们就非常注意总结观察天空中云的经验。《诗经》中"上天同云，雨雪雰雰"。管子说"云平而雨不甚。无委云，雨则速已。"说明古人已经认识到云可以预示天气的变化。在《吕氏春秋》中已将云按形状分为"山云、水云、旱云、雨云"四种。对云的直接观察结果思辨，将云的宏观特征描绘成图，便产生了云图。据考证，我国出现的古云图可以追溯到西汉以前，马王堆三号墓出土的《天文气象杂占》中就发现了不少云图。以后的隋唐、宋、明、清各代都有云图出现。古云图在人类传承云的观测经验，积累气象知识，形成近代的云天观测方法，进而建立现代的气象科学观测理论，起到不可或缺的作用。

科学意义上的气象学科的发展，是建立在大量的气象观测的基础上，还是近两三百年的事。16—18世纪，大量气象仪器的出现，使气象观测开始了从目测到器测、从定性到定量的转变。大量的观测事实和数学、物理等学科取得的成果在气象学中的应用，促使了气象学从经验和实践到知识和理论的演化，气象学即成为一门独立的学科。这一时期，目测仍然是对云天观测的主要手段之一，云的形态已不再是描绘，而是应用现代摄影技术，取得更真实、更科学的再现。在近几十年，电子技术与卫星观测技术的发展，气象工作者不断引进其他学科领域的新技术成果，全面革新了气象观测系统，丰富和发展了气象观测的方法，使人们对云的认识不论是在宏观还是微观方面，都产生了质的飞跃。甚至在一定的简化条件下，能够对云的变化进行数值模拟研究。从物理学和数学的角度来说，人们已经开始进入"不看窗外的云就能算出云的发展变化"的信息时代。但是，从天气预报服务的角度来说，算得准不准，报得对不对，仍然需要看"窗外的云"。所以，气象观测全面革新，是发展大气科学的重要措施，对大气运动的模拟研究，是开展大气科学研究的重要方法，而组织局地或全球性的气象综合观测网，获取完整准确的四维立体动态连续的观测资料，仍是大气科学研究赖以发展的主要途径。

云的观测是千千万万个观测站的基本观测项目，目测观云，始终是研究云的重要手段，云的观测技能仍然是观测人员的基本功。在云的观测业务工作中，云图的作用是不可低估的。它是积累和传承观测云天经验的宝典，是完善和规范观测云天方法的范本。对于提高观测人员的观测水平，保证云的观测资料的完整、准确、规范十分重要。一本好的云图，还能够集中反映出我国云天研究成果，体现气象科研水平，在向全社会普及气象知识方面也有极大的展示作用，是一项继往开来的工作。

新版《中国云图》内容引用了我国近20年来对云的观测研究成果，是一本真正高水平的《中国云图》。精选的几百幅各类云天照片透射出我国云天观测科学工作者的不懈追求和科学与艺术美妙结合的匠心；云图的制作和编排更充分利用了新的技术手段，既满足气象观测规范要求，又充分提高了图片的艺术性和可观赏性。因此，无论是形式还是内容，都超过了以往出版的云图。作为一个老气象观测员，我衷心感谢为新版《中国云图》的完成做出艰苦努力、杰出贡献的所有同志们。我相信，新版《中国云图》不仅是广大观测人员观天测云的学习范本，还是各类业务人员和科研人员判识、研究天气变化与云天状况规律的工具书，而且将得到广大识云爱好者和摄影、美术爱好者的喜欢和欣赏。

2003年11月20日

前　言

  我国幅员辽阔，地形复杂，各种天气系统的发生发展形成了我国所特有的丰富的气候资源，也为我国气象学家开展云的观测研究提供了良好的研究平台。由于云的形状、高度等宏观特征与天气变化密切相关，因此，自古以来人们就高度重视云的观测并积累了丰富的观测经验。据考证，我国最早出现的描绘云图可能要追溯到汉代以前，以后历朝历代都有描绘云图的记载。1949年中华人民共和国成立以来，气象事业迅速发展，云的观测和研究受到前所未有的重视，积累了大量的云的观测资料，取得了丰富的成果。从1950年到20世纪80年代的三十多年的时间里，共出版各类云图集约达十本之多，这些云图集为培养新中国一代观测人员做出了积极的贡献。

  近20年来，我国没有新的云图问世。但由于云的观测和研究水平不断提高，世界气象组织（WMO）对云种的命名进行过修订，我国《地面气象观测规范》也于2003年底进行了修订。广大气象台站观测人员新老交替，过去出版的云图不但已经绝版，而且内容和形式都不能满足广大气象台站的需要，亟需出版一本全新的、高质量的、权威的《中国云图》，以利于提高我国云天观测水平，提高气象观测质量。新的《中国云图》首先要反映我国当前云的观测研究水平，为气象观测和云天研究提供规范性的图例，为天气预报、航空、航海、航天等科研和业务提供科学的参考资料；同时也要为气象教学和气象队伍建设提供教材；其次也要满足社会各界人士，如美术、摄影等爱好者的需求，普及气象知识。

  基于满足"基层台站亟需，气象行业需要，社会上需求"等多方面的考虑，在《中国云图》的编写过程中，我们坚持三个原则：一是规范化，即新版《中国云图》要参照WMO修订过的云类内容，并以我国最新修订的《地面气象观测规范》为依据，对云类进行编排，图中用到的气象名词也要规范；二是基层气象台站适用，即多选用能够反映我国区域天气系统演变的特征性云，图片质量要高，尺寸要大，形式和内容要新，云的特征要明显；三是处理好三个关系，即继承与发展的关系、国际标准与国家标准的关系、科学性与可观赏性的关系。根据以上原则，编委会聘请专家郭恩铭为主编，俞卫平、王晓辉为副主编，从全国征集和现有的近万幅云图照片中精选出近280幅图片编纂成《中国云图》初稿。2003年8月，编委会对《中国云图》初稿进行审定，在编排形式和内容取舍等方面提出了具体修改意见。

  《中国云图》内容分三部分：文字表述、图片和说明、附录。文字表述部分包括云的分类、特征和编码；图片和说明部分，共选出能反映我国云的宏、微观典型特征的图片208幅，天气现象图片72幅。为突出实用性，还选了部分飞机上观测的云和我国特有的一些地形云。附录部分选了国际云图个例和天气现象个例共21幅。三部分的文字内容都是根据中国气象局2003年颁布的《地面气象观测规范》和WMO的有关规定编写的,力求简明扼要,便于观测识别云状和编码。

从总体来看,《中国云图》有以下几大特点:第一,代表性好。所选云图力求充分反映我国天气气候和区域特点,包括平原、高原、滨海、岛屿、高山、丘陵的不同区域的云图,力求反映我国常见的天气系统形成的云的特点。第二,内容新。有70%的图片第一次正式出版,其中包括一些非常难得的图片,如球状闪电、蜃景、珠峰云、极地云等。第三,实用性强。除了观测中需要的云的类别、特征和编码等常规内容外,还适当增加了云型对应的天气系统及其未来天气变化征兆的分析,并通过给出地面、高空的观测实况或间断性的拍摄,试图给出云的发展演变过程,这些内容相信对观测员是非常实用的。高质量的图片及其大幅面的印刷尺寸,无论是用于观测、教学还是摄影参考,都是有益的。

《中国云图》在2000年被新闻出版总署列为国家"十五"重点出版图书,立项后得到中国气象局的大力支持。在其出版和编纂过程中,得到了中国气象局监测网络司、计划财务司、重点工程办公室、气象出版社等单位的支持。在定稿过程中,有辽宁、安徽、河南、湖北等省气象局业务管理部门提出过很好的修改建议,在编辑和审稿过程中,张沛源、江彦文、陈永清、杨志彪、米洪涛、高岭、毛成忠等专家提出了具体的审读意见,还有一些专家就选图、编排等方面也提出过非常宝贵的意见,在此一并表示感谢。欢迎广大读者,尤其是气象工作者对本书提出宝贵意见,以便我们再版时改进。

《中国云图》编委会

2004年3月

目 录

序言
前言

文字说明

一、云的分类 1
二、云的特征 2
三、云的编码 6

图片和说明

低云 C_L

图 1~5	淡积云	11~15
图 6	碎积云	16
图 7	碎积云和淡积云	17
图 8~9	淡积云	18~19
图 10	碎积云	20
图 11	淡积云和碎积云	21
图 12~14	淡积云	22~24
图 15	碎积云和淡积云	25
图 16	淡积云	26
图 17~26	浓积云	27~36
图 27~28	秃积雨云	37~38
图 29~30	浓积云向积雨云过渡	39~40
图 31	浓积云和积雨云	41
图 32~34	鬃积雨云	42~44
图 35~36	积雨云	45~46
图 37	排列成行的积雨云	47
图 38~40	积雨云的悬球状云底	48~50
图 41	积雨云	51
图 42	积雨云降雨	52
图 43	积雨云云底	53
图 44	积雨云降雹	54
图 45	积雨云云底	55
图 46	积雨云降雹带	56
图 47	积雨云降雨	57
图 48~49	积雨云云底	58~59
图 50	积雨云云砧底部	60
图 51	海上积雨云	61
图 52	鬃积雨云	62
图 53~55	积云性层积云	63~65
图 56~59	透光层积云	66~69
图 60~62	蔽光层积云	70~72
图 63	层积云	73
图 64~67	层云	74~77
图 68	碎层云	78
图 69~75	雨层云和碎雨云	79~85
图 76	积云和层积云	86

中云 C_M

图 77~78	透光高层云	89~90
图 79~80	蔽光高层云	91~92
图 81~83	透光高积云	93~95
图 84~87	荚状高积云	96~99
图 88~97	透光高积云	100~109
图 98~99	积云性高积云	110~111
图 100~102	蔽光高积云	112~114

图103	高积云和高层云	115
图104	高积云和蔽光高层云	116
图105	高积云（双层）	117
图106~108	堡状层积云	118~120
图109~111	堡状高积云	121~123
图112~114	絮状高积云	124~126
图115~116	混乱天空高积云	127~128

高云 C_H

图117~124	毛卷云	131~138
图125~132	密卷云	139~146
图133~136	伪卷云	147~150
图137~141	钩卷云	151~155
图142	辐辏状卷云和卷层云	156
图143~146	毛卷层云	157~160
图147	薄幕卷层云	161
图148	毛卷层云	162
图149~158	卷积云	163~172

天气现象

图159	虹	175
图160~161	虹霓	176~177
图162~165	华	178~181
图166~167	假日	182~183
图168	日柱	184
图169~170	晕	185~186
图171~173	宝光	187~189
图174	虹彩	190
图175	曙暮光楔	191
图176	蜃景	192
图177~179	闪电（线状）	193~195
图180~182	闪电（枝状）	196~198
图183	闪电（球状）	199
图184	闪电（云中闪电）	200
图185	云滴	201
图186	冻滴	201
图187	冰晶和雪晶	202
图188	米雪	202
图189	霰	202
图190	雨滴	203
图191~192	雨凇	204~205
图193~194	冰雹	206~207
图195	雪	208
图196	雾	209
图197~200	辐射雾	210~213
图201~202	锋面雾	214~215
图203	海雾（平流雾）	216
图204	蒸发雾	217
图205	轻雾	218
图206~213	雾凇	219~226
图214	飞机积冰	227
图215~216	霜	228~229
图217	露	230
图218~220	龙卷	231~233
图221	尘卷风	234
图222~223	霾	235~236
图224~227	沙尘暴	237~240

飞机上观测云

图 228	卷层云	243
图 229	卷层云和积雨云	244
图 230	卷积云	245
图 231	卷层云	246
图 232	卷云和浓积云	247
图 233	积雨云顶部	248
图 234	积雨云砧状和浓积云顶部	249
图 235~237	砧状积雨云	250~252
图 238	横断山脉积雨云	253
图 239	浓积云	254
图 240	淡积云	255
图 241	荚状高积云	256
图 242	高层云云顶	257
图 243	层积云和高层云	258
图 244~245	飞机尾迹	259~260

地形云

图 246~247	珠穆朗玛峰旗云	263~264
图 248	珠穆朗玛峰的荚状云和积雨云	265
图 249	珠穆朗玛峰的层积云	266
图 250	珠穆朗玛峰的积雨云	267
图 251	横断山脉层积云	268
图 252	冰川上的淡积云	269
图 253	瀑布云	270
图 254	层积云云顶（云海）	271
图 255	山区层积云	272
图 256	碎积云	273
图 257	层积云（黄山云海）	274
图 258	荚状云	275
图 259	蔽光高层云和层积云	276

附录 国际云图个例和天气现象个例

图 260	北极上空的高积云（宝光）	279
图 261	卷云和高积云	280
图 262	荚状层积云	281
图 263	淡积云和瀑布（虹）	282
图 264	瀑布、虹、霓	283
图 265	宝光	284
图 266	淡积云	285
图 267~268	层积云	286~287
图 269	荚状高积云	288
图 270	透光高积云	289
图 271	卷积云	290
图 272	密卷云	291
图 273	卷层云	292
图 274	毛卷云	293
图 275	极光	294
图 276	北极光	295
图 277	珠母云	295
图 278	龙卷	296
图 279	沙尘暴	296
图 280	尘卷风	296

参考文献	297
使用说明	298~299
中国云图索引	300~302

一、云的分类

云是由大气中水汽凝结(凝华)而形成的微小水滴、过冷水滴、冰晶、雪晶等单一或混合组成，形状各异飘浮在天空中可见的聚合体。

云的生成、外形特征、量的多少、在天空中的分布和演变，显示出当时大气运动、稳定程度和水汽分布状况，也是未来天气演变的主要征兆之一。

客观地观测分析云的宏观演变，描述天气实况，是研究天气变化规律的重要内容之一。

云的外形特征千姿百态，虽有其共同的特点，但形成的物理过程也有差异。根据观测和天气预报的需要，按云的底部距地面的高度将云分为低、中、高三族，然后按云的宏观特征、物理结构和成因划分十属二十九类云状，详见表1。

表1 云的分类

云族	云属		云类		
	中文学名	简写	中文学名	简写	拉丁文学名
低云	积云	Cu	淡积云 碎积云 浓积云	Cu hum Fc Cu cong	Cumulus humilis Fractocumulus Cumulus congestus
	积雨云	Cb	秃积雨云 鬃积雨云	Cb calv Cb cap	Cumulonimbus calvus Cumulonimbus capillatus
	层积云	Sc	透光层积云 蔽光层积云 积云性层积云 堡状层积云 荚状层积云	Sc tra Sc op Sc cug Sc cast Sc lent	Stratocumulus translucidus Stratocumulus opacus Stratocumulus cumulogenitus Stratocumulus castellanus Stratocumulus lenticularis
	层云	St	层云 碎层云	St Fs	Stratus Fractostratus
	雨层云	Ns	雨层云 碎雨云	Ns Fn	Nimbostratus Fractonimbus
中云	高层云	As	透光高层云 蔽光高层云	As tra As op	Altostratus translucidus Altostratus opacus
	高积云	Ac	透光高积云 蔽光高积云 荚状高积云 积云性高积云 絮状高积云 堡状高积云	Ac tra Ac op Ac lent Ac cug Ac flo Ac cast	Altocumulus translucidus Altocumulus opacus Altocumulus lenticularis Altocumulus cumulogenitus Altocumulus floccus Altocumulus castellanus
高云	卷云	Ci	毛卷云 密卷云 伪卷云 钩卷云	Ci fil Ci dens Ci not Ci unc	Cirrus filosus Cirrus densus Cirrus nothus Cirrus uncinus
	卷层云	Cs	毛卷层云 薄幕卷层云	Cs fil Cs nebu	Cirrostratus filosus Cirrostratus nebulosus
	卷积云	Cc	卷积云	Cc	Cirrocumulus

二、云的特征

云的生成和发展是十分复杂的物理过程。在大气中温度、湿度、气流、凝结核和冰核数量的多少等诸多因素的相互作用下，形成了绚丽多彩的云，并具瞬间多变的特点。熟练地掌握云的特征，就能够准确地识别各种云状，不断提高观测云的水平。

（一）低云

低云： 积云、积雨云、层积云、层云、雨层云五属。

低云多由微小水滴组成，厚的或垂直发展旺盛的低云的下部由微小水滴组成，而中、上部是由微小水滴、过冷水滴和冰晶混合组成。低云的云底距地面高度较低，一般低于2500米，它随季节、天气条件和不同地理位置而有变化。

多数低云都有可能产生降水，雨层云多出现连续性降水，积雨云多产生阵性降水，有时降水量很大。

1. 积云 Cu

积云轮廓分明，顶部凸起，底部平坦，云块之间多不相连；它是由低层空气对流作用使水汽凝结或在冬季凝华而形成的直展云。

淡积云 Cu hum 积云处在发展初期，云体底部较平，北方淡积云轮廓清晰，个体不大，顶部呈圆弧形凸起，云体水平宽度大于垂直厚度，薄的云块呈白色，厚的云块中部有淡影。南方由于水汽较多，淡积云轮廓不如北方清晰。淡积云单体分散或成群分布在空中，晴天多见。

淡积云是由直径5~30微米的小水滴组成，而北方和青藏高原地区冬季的淡积云是由过冷水滴或冰晶组成，有时会降零星雨雪。

碎积云 Fc 它是由1~15微米的小水滴组成。云体很小，比较零散分布在天空，形状多变，为白色碎块，多为初生或破碎的积云。

浓积云 Cu cong 浓积云云体高大，轮廓清晰，底部较平，比较阴暗，很像高塔，垂直发展旺盛，垂直厚度超过水平宽度，顶部呈圆弧形重叠，很像花椰菜。

浓积云是由不同尺度的水滴组成，小水滴直径在5~50微米之间；大水滴多在100~200微米之间。当云发展旺盛时，云中上升气流可达10~20米/秒。当云顶温度在-10℃以下，会出现过冷水滴、冻滴、霰和冰晶。浓积云发展非常旺盛时，云的顶部会出现头巾似的一条白云，叫幞状云。

浓积云是由淡积云发展或合并发展而成，一般不会出现降水，但当它发展旺盛时，有时也降小阵雨。如果清晨有浓积云发展，显示出大气层结不稳定，午后可能出现雷阵雨天气。

2. 积雨云 Cb

积雨云是由浓积云演变而成，云体浓厚庞大垂直发展旺盛，很像耸立的高山，顶部已冰晶化，呈白色，毛丝般的纤维结构，云顶随云的发展逐渐展平成砧状。积雨云的底部显得十分阴暗，常有雨幡下垂或伴有碎雨云。

积雨云下部是由水滴、过冷水滴组成，中上部由过冷水滴、冻滴、冰晶和雪晶组成，当发展最旺盛阶段还有不同尺度的霰粒和冰雹。积雨云中有强烈上升，下沉气流区，较大的上升气流速度可达30~35米/秒，下沉气流速度可达10米/秒。积雨云底部经常出现起伏不平呈滚轴状或悬球状的云底。

积雨云是对流云发展的极盛阶段，常产生较强的阵性降水，并伴有大风、雷电等现象。有时积雨云还出现降雹，称之为冰雹云，偶有龙卷产生。

秃积雨云 Cb calv 秃积雨云是浓积雨云向鬃积雨云发展的过渡阶段。云的顶部已开始冰晶化，呈圆弧形重叠，轮廓模糊，已出现少量白色茸毛状云丝，但尚未扩展开来。

鬃积雨云 Cb cap 它是积雨云发展的成熟阶段。云顶有白色毛丝般的纤维结构，并已扩展成为马鬃状，称之为鬃积雨云，或成为铁砧状，称之为砧状积雨云，云的底部阴暗而混乱。

3. 层积云 Sc

云体大小、厚薄不匀，形状有较大差异，有条状、片状或团状，呈灰白色和暗灰色，薄的层积云可看到太阳所在的位置，厚的层积云比较阴暗。层积云在天空分布不同，有的成行或呈波状排列，有的排列很不规则。

层积云的厚度在100米到2000米之间，由直径5～40微米水滴组成。在冬季和高原地区的层积云可由过冷水滴、冰晶和雪晶组成。

层积云在一般天气条件下，是由大气波动和对流混合作用使水汽凝结而形成。有时是由局地辐射冷却及湍流混合而形成。层积云云底较低，当云层发展较厚时常出现短时降雨，冬季降雪。

透光层积云 Sc tra 云体较薄，呈灰白色，排列比较整齐，边缘比较明亮。云体之间有明显的缝隙，可分辨出日月位置，如果层积云上边还有云层则也能看到。

蔽光层积云 Sc op 蔽光层积云的云块都比较密集，云块较厚，呈暗灰色，云块之间无缝隙，可以遮蔽日、月，云底有明显波状起伏，常布满天空，有时会产生降水。

积云性层积云 Sc cug 云体是扁平的长条形，呈灰白色或暗灰色，顶部具有积云特征。它是由衰退的积云或积雨云扩展，平衍而形成的；有时是由傍晚地面散热，空气抬升水汽凝结而形成的。积云性层积云的出现，显示出对流减弱趋向稳定，有时会降零星小雨。

堡状层积云 Sc cast 云体呈细长条状，底部较平，顶部凸起一个或几个云堡，但高度不同，有继续发展的趋势，云体视角宽度大于5°。从远处观测好像城堡或长条形锯齿。堡状层积云是局部地区有较强的上升气流突破稳定气层之后，又继续发展而形成的。如果当地水汽条件较好，垂直气流继续增强，有利于积雨云发展，预示着当地将有雷阵雨天气。

荚状层积云 Sc lent 云体呈豆荚状、梭子形，中间较厚，边缘较薄，它是在地形影响气流形成驻波的作用下而形成。云体视角宽度为5°～30°。

4. 层云 St

云层比较均匀呈幕状，灰白色，好似浓雾，云底较低，但不接地，经常笼罩山体和高层建筑。

层云是由直径5～30微米的水滴或过冷水滴组成。层云厚度一般在400～500米之间。

层云是在大气稳定的条件下，因夜间辐射冷却或乱流混合作用，使水汽凝结或由雾抬升而成。日出后气温逐渐升高，稳定层被破坏，层云也逐渐消散。层云有时也降毛毛雨，冬季降米雪。

碎层云 Fs 层云在逐渐消散过程中或辐射雾因扰动抬升而形成碎层云，云体呈灰色或灰白色，支离破碎，形状多变，出现时多预示晴天。

5. 雨层云 Ns

雨层云云底很低，云层很厚，一般厚度为4000～5000米，能遮蔽日、月，呈暗灰色，云底经常出现碎雨云。雨层云覆盖范围很大，常布满天空。

云层的中下部由水滴和过冷水滴组成。北方和高原地区的雨层云中上部由过冷水滴、冰晶和雪晶组成。

雨层云常出现在暖锋云系中，有时也出现在其他天气系统中，它是由暖湿空气沿锋面坡缓慢滑升，绝热冷却而形成。雨层云常产生连续性降雨，北方冬季和高原地区夏季均会降雪。农谚"天上灰布悬，雨丝定连绵"多指雨层云的连续性降水。

碎雨云 Fn　云底很低，通常只有 50～400 米，云体零散破碎，形状多变，移动较快，呈灰色或暗灰色，经常出现在雨层云、积雨云或较厚的高层云云底下边，它是由于降水时，空气中湿度增大，在乱流作用下水汽凝结而形成的。

(二) 中 云

中云： 高层云、高积云两属。

中云是由微小水滴、过冷水滴或者与冰晶、雪晶混合而组成。中云的云底高度一般在 2500～5000 米之间。高层云在夏季多出现降雨，而在冬季多出现降雪。高积云较薄时不会出现降水，但在高原地区的高积云常出现雨(雪)幡。

1. 高层云 As

高层云是灰色或灰白色的云幕。云层较厚，多在 1500～3500 米之间，云底部常出现条纹结构，一般高层云可部分或全部布满天空。

高层云多由直径 5～20 微米的水滴、过冷水滴和冰晶、雪晶(柱状、六角形、片状等)混合组成。

透光高层云 As tra　云层较薄，厚度均匀，但云层顶部起伏不平。云层呈灰白色，透过云层可观测到比较模糊的日月轮廓，好似隔了一层毛玻璃。

蔽光高层云 As op　云层较厚，厚度变化较大，云底呈灰色或深灰色，底部可观测到明暗相间的条纹结构，由于云层很厚，在地面观测不到太阳和月亮。

2. 高积云 Ac

高积云的云体较小，个体分明，云的厚薄、形状各不相同，薄的云体呈白色，可观测到日月轮廓，厚的云体呈暗灰色，日月轮廓看不清楚。

高积云的形状多呈扁圆形、瓦块状、鱼鳞片或水波状的密集云条。在天空分布常密集成行或波状排列，云块的视角宽度为 1°～5°。

高积云是由微小水滴或过冷水滴与冰晶混合组成。每当日、月光透过薄的高积云时，常常观测到由于高积云中的微小水滴或冰晶对光的衍射而形成内蓝外红的光环，称为华。

在高空逆温层上下，空气的密度和风都有较大的差异，因而逆温层附近经常产生波动。若在逆温层下聚集较多的水汽，在波峰处因空气上升冷却而形成高积云。云体不厚，比较稳定，很少变化，预示晴天。农谚"瓦块云，晒煞人"、"天上鲤鱼斑，晒谷不用翻"，即指出现这种高积云预示晴天。如果高积云的厚度继续增厚，并逐渐融合成层，则显示天气将有变化，甚至会出现降水。

透光高积云 Ac tra　云体较薄，呈白色，在天空中整齐地排列，云体之间有缝隙，可见蓝天，有时云体之间如无缝隙，边缘也比较明亮，透过云体边缘，可分辨出日、月位置。

蔽光高积云 Ac op　云体较厚，呈暗灰色，云体已融合成层，日月不能辨认，有时会出现微量降水。

荚状高积云 Ac lent　云体中间厚边缘较薄，云体中间呈暗灰色，边缘呈白色，轮廓分明，一般呈豆荚状或椭圆形，弧立分散在天空。每当荚状云遮挡日月光线时，即出现美丽的虹彩。

荚状高积云是在地形影响气流形成的驻波作用下而生成，多出现在晴朗有风的天气。

积云性高积云 Ac cug　云块有大有小，呈灰白色，中间稍厚，顶部略有凸起的特征。它是由衰退的积云或积雨云扩展演变而生成。这种云的出现，预示着天气逐渐趋于稳定。

絮状高积云 Ac flo　云块大小不一，带有积状云外形的高积云团，云团下部比较破碎，很像破碎的棉絮团，分散在天空，高度也不相同，呈灰白色或灰色，可出现雪幡。絮状高积云是由于高空潮湿气层很不稳定，有强湍流混合作用而形成。有的地区出现这种云，预示将有雷雨天气，因而有"朝有破絮云，午后雷雨临"的说法。

堡状高积云 Ac cast　呈水平条状分布在高空，顶部有多处向上凸起，很像城堡，也有的呈锯齿状。这种云出现预示着将有不稳定的雷阵雨天气，故有"城堡云，淋死人"的说法。

(三) 高 云

高云： 卷云、卷层云、卷积云三属。

高云是由微小的冰晶组成。云底高度一般在5000米以上，但高原地区较低。高云出现降水较少，但会产生雪幡，冬季北方的卷层云、密卷云有时也会降雪，偶尔也能观测到雪幡。

1. 卷云 Ci

卷云是由冰晶组成，有毛丝般的光泽，常见有丝条状、片状、羽毛状、钩状、团状、砧状等。常呈白色，远在天边时呈淡黄色，日出日落时常呈金黄色或黄红色。

毛卷云 Ci fil　云片较薄，颜色洁白，毛丝般纤维结构很清晰，受高空风的影响，云丝分散，形状多样，很像乱丝、羽毛、马尾等，日月透过，地物阴影比较明显。毛卷云在天空中出现时，预示当地将是晴天，农谚有"游丝天外飞，久晴便可期"之说。如果毛卷云演变中厚度增加，云量也增多，逐渐发展成卷层云，则预示天气将有变化。

密卷云 Ci dens　云体中部较厚，边缘薄的部分呈白色，毛丝般结构仍较明显。云丝密集，聚合成片，云量逐渐增多时，透过密卷云可观测到不完整的晕。密卷云的出现一般显示天气较稳定，但如果继续发展并演变成卷层云，则预示未来天气将有变化。

伪卷云 Ci not　云体较大也很厚密，一般呈砧状。它是积雨云衰退时云砧脱离主体演变而成。通常是在积雨云逐渐消散的时候，能够观测到伪卷云。

钩卷云 Ci unc　云体很薄，呈白色，云丝往往平行排列，有时倾斜下垂，向上的一头有小钩或小簇，很像逗点符号。钩卷云常分散在天空，每当它系统地移入天空并继续发展，预示即将有不稳定天气系统影响测站，有可能出现阴雨天气，农谚"天上钩钩云，地上雨淋淋"即指这种情况。

2. 卷层云 Cs

云层比较均匀，呈乳白色，日月透过云层，轮廓清楚，并经常有晕圈出现，地面物体有影。

卷层云逐渐增厚，高度降低，并继续发展，预示将有天气系统影响测站，故有"日晕三更雨，月晕午时风"的谚语在民间流传。反之，卷层云如无明显变化，云量还逐渐减少，未来的天气将不会有大的变化。

毛卷层云 Cs fil　云层厚薄不均，云底也不平整，毛丝般纤维结构比较明显，云的顶部比较平坦，略有微小起伏。

卷层云 Cs nebu　云层薄而均匀，似薄幕，毛丝般结构不明显，有时易误认无云。云层由冰晶组成，每当日月光透过云层时，将出现晕的现象。

3. 卷积云 Cc

云块很小，呈白色鱼鳞片状，成行、成群排列分布在高空，有时很像微风吹拂水面而成的小波纹。卷积云是由高空大气层结不稳定产生波动而形成的。如果天空云的分布以卷积云为主，它又伴有卷云、卷层云并系统发展，通常预示将有不稳定的天气系统影响测站，常出现阴雨、大风天气。农谚"鱼鳞天，不雨也风颠"即指这种情况。

三、云的编码

云的编码见表2。

表2　云的编码

电码	C_L 技术性说明	C_L 非技术性说明	C_M 技术性说明	C_M 非技术性说明	C_H 技术性说明	C_H 非技术性说明
0	没有C_L云	没有层积云、层云、积云、积雨云	没有C_M云	没有高积云、高层云、雨层云	没有C_H云	没有卷云、卷层云、卷积云
1	淡积云或碎积云，或两者同时存在	垂直发展很小，形状扁平的积云或碎积云，或两者同时存在	透光高层云	薄的(半透明的)高层云，从这种云看过去，可以朦胧地看到太阳或月亮，好像隔着一层毛玻璃一样	毛卷云，分散在天空，不是有系统地侵盖天空	一丝丝的或一条条的卷云(通常叫做马尾云)，分散在天空，不是有系统地侵盖天空
2	浓积云，可伴有淡积云，碎积云或层积云，云底在同一高度上	垂直发展旺盛的积云，一般都呈塔状，在此云底的同一高度上可伴有别种积云或层积云	蔽光高层云或雨层云	厚的高层云或雨层云(有时从云层的某些部分看过去，可以找到比较明亮的小块，从而能确定太阳或月亮的位置)	密卷云，呈散片或卷曲束状，通常量不增加，有时好像是积雨云顶部的残余部分	散片的或卷曲的一束束浓密的卷云，通常量不增加，有时好像是积雨云顶部的残余部分
3	秃积雨云，可伴有积云或层积云或层云	积雨云，顶部轮廓模糊，但显然不是卷云状的，也不是砧状的；可伴有积云或层积云或层云	透光高积云，较稳定，并且在同一个高度上	薄的(半透明的)高积云，各个云块没有显著变化，并且在同一高度上	伪卷云，或为积雨云顶部的残余部分，或为远处母体看不到的积雨云的顶部	卷云，常为砧状，或者是积雨云顶部的残余部分，或为远处母体看不到的积雨云的顶部(如不能判断这种卷云是否来自积雨云时，则应报电码2)

续表2

电码	C_L 技术性说明	C_L 非技术性说明	C_M 技术性说明	C_M 非技术性说明	C_H 技术性说明	C_H 非技术性说明
4	积云性层积云	层积云，由积云扩展而成，时常伴有积云	透光高积云(常呈荚状)或荚状层积云，在连续不断地变化中，并且出现在一个或几个高度上	一块块薄的(半透明的)高积云片或层积云片(常呈荚状)；云块在连续不断地变化中，并且出现在一个或几个高度上	卷云(通常是钩卷云)有系统地侵盖天空，并且常常全部增厚	卷云(通常是钩状的)渐渐地在天空中伸展，并且常常全部增厚
5	层积云，不是积云性的	层积云，不是由积云扩展而成	呈带或呈层的透光高积云，有系统地侵入天空，常常全部增厚，甚至有一部分已变成蔽光高积云或复高积云	呈带或呈层的薄的(半透明的)高积云，迅速向天空扩展，并且全部增厚，它的一部分可能已变成不透光的或双层的	辐辏状卷云和卷层云，或只有卷层云，有系统地侵盖天空，且常全部增厚，但卷层云幕前缘的高度角不到45°	卷云(常成一条条地向地平线辐合)和卷层云，或只有卷层云；总是渐渐地在天空中伸展着，并且常常全部增厚，卷层云幕前缘的高度角不到45°
6	层云和(或)碎层云，但不是恶劣天气下的碎雨云	层云或碎层云，或两种云同时存在，但不是恶劣天气下的碎雨云	积云性高积云	由积云或积雨云扩展而成的高积云	辐辏状卷云和卷层云，或只有卷层云，有系统地侵盖天空，且常全部增厚，同时卷层云幕前缘的高度角已超过45°，但未布满全天	卷云(常呈一条条的向地平线辐合)和卷层云，或只有卷层云，总是渐渐地在天空中伸展着，并且常常全部增厚，同时卷层云幕前缘的高度角已超过45°，但未布满全天
7	恶劣天气下的碎雨云，通常在高层云或雨层云之下	恶劣天气指降水时或降水前后一小段时间内的天气状况	复高积云或蔽光高积云，不是有系统地侵盖天空；或者高层云和高积云同时存在	可能有下列情况：(1)双层高积云，通常有些部分不透明，不是有系统地侵盖天空；(2)一厚层的(不透明的)高积云，不是有系统地侵盖天空；(3)在同一高度上或在不同高度上有高层云和高积云	卷层云布满全天	卷层云幕遮蔽整个天空
8	积云和不是积云性的层积云同时存在，但这两种云的底部高度不同	积云和不是由积云扩展而成的层积云同时存在，两种云的底部不在同一高度上	积云状高积云(絮状的或堡状的)或堡状层积云	呈积云形状的，一球一球的高积云或具有小塔形状的高积云或层积云	卷层云，不是有系统地侵盖天空，也没有布满全天	卷层云，不是有系统地侵盖天空，也没有遮蔽整个天空
9	鬃积雨云，常呈砧状，可伴有积云、层积云、层云或恶劣天气下的碎雨云	具有清晰纤维状(即卷云状)顶部的积雨云，云顶常带有砧状，可伴有积云、层积云、层云或恶劣天气下的碎云	混乱天空的高积云，常出现在几个高度上	混乱天空的高积云，常出现在几个高度上	卷积云	只有卷积云，或卷积云伴有卷云或(和)卷层云，但卷积云量多于其他高云

低云 C$_L$

图 1　　　　　　　　淡积云　　　　　　　　$C_L 1$

天气晴朗，午后淡积云分散在低空，个体较小，轮廓分明，云顶凸起，底部平整有阴影。

拍摄地点：内蒙古 呼和浩特
拍摄时间：1982 年 8 月 25 日 14 时 13 分
拍摄方向：NE
拍 摄 者：郭恩铭

图2 淡积云 C$_L$1

蓝色的天空，漂浮着一朵朵白色的淡积云，个体较小，边缘破碎，云底较平有阴影，云顶凸起，水平宽度大于垂直高度。

拍摄地点：辽宁 绥中
拍摄时间：1990年6月15日11时10分
拍摄方向：N
拍 摄 者：郭恩铭

图 3 淡积云 C_L1

淡积云个体大小不同,排列不齐,有的云体松散并伴有碎积云。

拍摄地点:辽宁 鞍山
拍摄时间:1992 年 7 月 19 日 13 时 10 分
拍摄方向:N
拍 摄 者:郭恩铭

图 4　　　　　　　　淡积云　　　　　　　　C_L1

测站受低压天气系统影响，积云处于发展阶段，云体较厚，底部较平，有阴影。云顶呈圆弧形凸起。左上角的碎积云呈深灰色。

拍摄地点：黑龙江　哈尔滨
拍摄时间：1982 年 7 月 11 日 11 时 52 分
拍摄方向：N
拍 摄 者：高名忍

图 5　　　　　　　　　　淡积云　　　　　　　　　　C_L1

秋季的淡积云，由于对流不强，个体略呈扁平，云顶凸起不太明显，云底有阴影，图中还有零散的碎积云。

拍摄地点：北京 北海
拍摄时间：1995 年 10 月 13 日 13 时 10 分
拍摄方向：SW
拍 摄 者：郭恩铭

图 6　　　　　碎积云　　　　　C_L1

夏季天气晴朗,暖湿空气受八达岭山地抬升的作用,水汽凝结形成大小不匀的碎积云,不断地由南向北飘移。云块较大的碎积云将逐渐发展成淡积云。

拍摄地点:北京　八达岭
拍摄时间:1990 年 7 月 10 日 11 时 30 分
拍摄方向:E
拍 摄 者:郭恩铭

图 7　　　　　　　　　　**碎积云和淡积云**　　　　　　C_L1

碎积云边缘破碎，零散地分布在低空，云体变化较快，正逐渐发展成淡积云。右侧山顶上空的初生淡积云，受山地气流影响，底部不甚平坦，略微向上倾斜。

拍摄地点：广西 桂林
拍摄时间：1997年6月15日11时10分
拍摄方向：W
拍 摄 者：郭恩铭

图 8　　　　　　　　淡积云　　　　　　　　C_L1

处于发展阶段的淡积云。测站当日下午对流较强，并受地形抬升作用，沿山脊形成个体明显的淡积云。云顶呈圆弧状凸起，远处有边缘破碎、轮廓很不完整的碎积云。

拍摄地点：西藏 拉萨
拍摄时间：1981年6月11日16时35分
拍摄方向：ESE
拍 摄 者：郭恩铭

图 9　　　　　　　　　　**淡积云**　　　　　　　　　　C_L1

淡积云个体较大，正处于发展阶段，顶部向上凸起，底部有阴影，远处还有正在发展的碎积云和淡积云，由于视角关系看上去好像相互连接，实际上仍是个体分明。

拍摄地点：内蒙古　乌兰浩特
拍摄时间：2000 年 5 月 14 日 14 时 10 分
拍摄方向：NE
拍　摄　者：郭恩铭

图 10　　　　　　　碎积云　　　　　　　C_L1

冬季出现的碎积云，形状多变，边缘破碎，轮廓很不完整，靠左边的一块碎积云，正向淡积云发展。

拍摄地点：云南　石林
拍摄时间：1980 年 1 月 11 日 13 时 30 分
拍摄方向：N
拍 摄 者：郭恩铭

图 11 淡积云和碎积云 C_L1

海面上形成的淡积云和碎积云，云体较大，边缘有些散乱，由于逆光云体呈暗灰色，碎积云个体很小，云体零散而形状多变。高空是卷层云。

拍摄地点：海南 永兴岛
拍摄时间：1982 年 6 月 1 日 06 时 10 分
拍摄方向：E
拍 摄 者：郭恩铭

图 12　　　　　淡积云　　　　　C_L1

处于发展阶段的淡积云，云顶呈圆弧形凸起，云体水平宽度大于垂直厚度，底部较平，有阴影，云体有互相连接的趋势。

拍摄地点：西藏　日喀则
拍摄时间：2000 年 7 月 19 日 14 时 25 分
拍摄方向：NE
拍　摄　者：李光亮

图 13   **淡积云** C_L1

淡积云个体扁平，云的顶部向上凸起，由于逆光云体呈暗黑色，太阳西下，在云层之间出现霞光。

拍摄地点：台湾 鹅銮鼻半岛
拍摄时间：2001年10月21日17时30分
拍摄方向：W
拍 摄 者：张殿英

图14　　淡积云　　C_L1

淡积云个体不大，底部平整，顶部呈圆弧形凸起，由于受陆风的影响，正由岸上向海面飘移。

拍摄地点：海南　崖县
拍摄时间：1982年5月15日10时50分
拍摄方向：W
拍　摄　者：郭恩铭

图15　　碎积云和淡积云　　C_L1

早晨，海面上对流不强，有淡积云、碎积云形成，云体很小，边缘破碎，轮廓也不完整。由于逆光云体呈暗灰色。

拍摄地点：海南　永兴岛
拍摄时间：1982年6月3日06时05分
拍摄方向：SE
拍 摄 者：郭恩铭

图 16　　　　　淡积云　　　　　C_L1

在9000米高空拍摄的淡积云云场，大小不同的白色云块分布在低空，由于视线的关系距飞机较近的淡积云显得云块较大，而远处的淡积云则个体显得很小，排列也不整齐。上方白色云条是密卷云。

拍摄地点：河南上空
拍摄时间：1984年9月20日10时30分
拍摄方向：W
拍　摄　者：郭恩铭

图 17　　　　　　　　　　**浓积云**　　　　　　　　　　C_L2

前排是三块浓积云，云体垂直高度大于水平宽度，云底较平整并有暗影。中间一块浓积云正在向上发展，另外两块浓积云云顶向左倾斜。前排后边还有几个浓积云正处于发展阶段，初看起来好似互相联接，高空有几条密卷云。

拍摄地点：辽宁 绥中
拍摄时间：1991 年 9 月 2 日 10 时 30 分
拍摄方向：NW
拍 摄 者：郭恩铭

图 18　　　　　　　　　　**浓积云**　　　　　　　　　　C_L2

发展旺盛的浓积云，顶部的对流泡体正向上凸起，好似花椰菜形状，云的底部较宽，云底较平呈暗灰色。上部还有几块碎积云。

拍摄地点：辽宁　鞍山
拍摄时间：1994 年 7 月 16 日 16 时 30 分
拍摄方向：SE
拍 摄 者：张生利

图 19　　　　　　　　　　**浓积云**　　　　　　　　　　C_L2

两块浓积云正在发展中，云顶垂直向上伸展，云底平整，呈暗灰色。右边的大块浓积云距测站较近，还有几块淡积云，左边的浓积云距测站较远，云体好似相连，高空还有毛卷云。

拍摄地点：辽宁 绥中
拍摄时间：1991年7月16日16时30分
拍摄方向：SE
拍 摄 者：宫福久

图 20 浓积云 C_L2

浓积云个体高大,轮廓清晰,云体呈白色,云底平整,呈黑灰色,云顶部仍在向上发展。左侧浓积云发展较慢,正逐渐与中部的浓积云融合,并与右边的浓积云连接在一起。

拍摄地点:辽宁 鞍山
拍摄时间:1995 年 7 月 3 日 16 时 30 分
拍摄方向:SE
拍 摄 者:王绍良

图 21　　　浓积云　　　C_L2

发展旺盛的浓积云，云体高大，云顶凸起，由于受气流影响顶部左侧云泡向左倾斜伸展，云底平坦，呈暗灰色，云底中部有雨幡下垂。上部是分散的碎积云。

拍摄地点：辽宁　锦西
拍摄时间：1985 年 7 月 20 日 15 时 35 分
拍摄方向：E
拍 摄 者：郭恩铭

图 22　　　　　　　　　　　浓积云　　　　　　　　　　　C_L2

浓积云发展很快，正由西南向东北山区移动。云体高大，云顶正迅猛向上伸展。测站当时处于冷锋天气系统前沿，这块浓积云后来很快发展成积雨云并出现雷阵雨。

拍摄地点：辽宁 鞍山
拍摄时间：1992年7月19日19时40分
拍摄方向：E
拍 摄 者：相铁军

图 23　　　　　　　　　浓积云　　　　　　　　　C_L2

多庆错北岸是白色雪山，南面是沼泽。在雪山附近常有浓积云生成，云体不厚，多个单体相连接，排列成行。图中的浓积云正向草地上空移动，中间的一块正向上发展，右边浓积云也向上凸起，但发展不太旺盛。云底部很平整，距地面约 50 米。上方还有密卷云。

拍摄地点：西藏　多庆错
拍摄时间：1981 年 6 月 29 日 15 时 40 分
拍摄方向：E
拍　摄　者：郭恩铭

图 24　　　浓积云　　　C$_L$2

处于发展阶段的浓积云，由于云中上升气流很强，云顶迅速向上伸展，使其上部比较潮湿的气层迅速冷却凝结，形成覆盖在云顶上的轻纱似的云幕，即幞状云，这三块云后来很快发展成秃积雨云。

拍摄地点：西藏 拉萨
拍摄时间：1981 年 7 月 2 日 18 时 20 分
拍摄方向：SW
拍 摄 者：郭恩铭

图 25 浓积云 $C_L 2$

西沙群岛的海面中午前后常有浓积云出现，图中的浓积云排列成行，顶部向上凸起，发展还不很旺盛，天空中还有碎积云。

拍摄地点：海南 西沙群岛
拍摄时间：1982 年 6 月 2 日 11 时 30 分
拍摄方向：SW
拍 摄 者：郭恩铭

图 26　　　　　　　　　　浓积云　　　　　　　　　　C_L2

从飞机上观测浓积云，云体庞大，顶部向上凸起好似一座小山，其周围分布着淡积云，右侧有一块浓积云处于发展阶段。图中上部远方是密卷云。

拍摄地点：湖南上空
拍摄时间：1982 年 6 月 13 日 15 时 50 分
拍摄方向：SE
拍 摄 者：郭恩铭

图 27　　　　　　　　秃积雨云　　　　　　　　C_L3

秃积雨云云顶已冰晶化，云顶两侧尖端向两边伸展，逐渐演变成砧状，云底部呈黑灰色，将出现降雨。

拍摄地点：辽宁　鞍山
拍摄时间：1994 年 6 月 18 日 19 时 15 分
拍摄方向：SE
拍 摄 者：张生利

图 28　　　　　　　秃积雨云　　　　　　　C_L3

在布达拉宫的西北方向有浓积云和秃积雨云。秃积雨云的云顶已经冰晶化，受西南气流影响，云体正向东北方向移动。

拍摄地点：西藏　拉萨
拍摄时间：1981 年 6 月 11 日 14 时 40 分
拍摄方向：NW
拍 摄 者：郭恩铭

图29　浓积云向积雨云过渡

a　　　　　　　　　浓积云向积雨云过渡　　　　　　　　　C_L2

11时20分，浓积云发展很旺盛，云体随高空风从西北向东南方向移动，速度较慢，浓积云周围分散着淡积云。两个单体浓积云相距很近，但垂直发展速度很不一致，左边一块浓积云云顶向上伸展较快，右边一块浓积云云顶已向两侧扩展。

拍摄地点：北京　西郊
拍摄时间：1982年7月27日11时20分
拍摄方向：W
拍　摄　者：郭恩铭

b　　　　　　　　　　砧状积雨云　　　　　　　　　　C_L9

12时，左边这块云发展成完整砧状积雨云。右侧一块云体也亦发展成砧状积雨云，它的右侧还有一块初生的淡积云，远方还有一块砧状积雨云。

拍摄地点：北京　西郊
拍摄时间：1982年7月27日12时00分
拍摄方向：W
拍　摄　者：郭恩铭

c　　　　　　　　　　鬃积雨云　　　　　　　　　　C_L9

12时30分，两个单体积雨云均已发展到成熟阶段，云顶都已成鬃状，有毛丝般结构，远看云顶已互相融合，连接成一体。天空中还有分散的淡积云和碎积云。

拍摄地点：北京　西郊
拍摄时间：1982年7月27日12时30分
拍摄方向：SW
拍　摄　者：郭恩铭

图 30 浓积云向积雨云过渡

a 浓积云 C_L2

这块浓积云云体高大，很像一座高山，耸立在测站的东方。云顶正向上伸展，呈圆弧形重叠。中空有条状高积云，距测站很近。低空能见度较差，云底不十分清楚。20 分钟后浓积云发展成积雨云。

拍摄地点：北京 西郊
拍摄时间：1990 年 8 月 17 日 16 时 15 分
拍摄方向：E
拍 摄 者：郭恩铭

b 积雨云 C_L9

前图(30a)中的浓积云已发展成积雨云，云体仍在非常猛烈地扩展着，云顶部已冰晶化呈砧状，但云泡仍清晰可见，由西北向东南城区方向移动，云中对流旺盛，云底黑暗不清，已发展成冰雹云，在北京西单已观测到阵雨和冰雹。中空有零散的积云性高积云，主体云的右侧还有一块浓积云逐渐与其合并。

拍摄地点：北京 西郊
拍摄时间：1990 年 8 月 17 日 17 时
拍摄方向：SE
拍 摄 者：郭恩铭

c 鬃积雨云 C_L9

前图(30b)的积雨云经过 23 分钟之后，逐渐远离测站，云体更庞大，云顶已发展成鬃状，并已全部冰晶化，云底因降水而看不清楚，空中仍有积云性高积云。

拍摄地点：北京 西郊
拍摄时间：1990 年 8 月 17 日 17 时 40 分
拍摄方向：SE
拍 摄 者：郭恩铭

图31   **浓积云和积雨云** $C_L 9$

浓积云发展比较旺盛，云底较平，呈暗灰色，已遮住了山顶，顶部呈圆弧形重叠。右侧上部是积雨云砧，毛丝般结构非常明显，左侧有几块碎积云。

拍摄地点：西藏 多庆错
拍摄时间：1981年6月29日15时42分
拍摄方向：SE
拍 摄 者：郭恩铭

图 32　　　　鬃积雨云　　　　C_L9

积雨云正在迅速发展，云顶部已冰晶化，正向左侧伸展，右侧也向外扩展，已发展成鬃积雨云，云底已出现较大降雨，有雨接地。远处还分散着淡积云和浓积云。

拍摄地点：西藏　拉萨
拍摄时间：1981年6月12日19时40分
拍摄方向：NE
拍 摄 者：郭恩铭

图33 鬃积雨云 C$_L$9

在测站的西边,积雨云发展很旺盛,云顶部已冰晶化呈鬃状,由于太阳被遮住,云体呈暗黑色。积雨云的鬃状云顶已移到测站上空。

拍摄地点:辽宁 鞍山
拍摄时间:1992年7月27日19时45分
拍摄方向:W
拍 摄 者:郭恩铭

图 34　　　　　鬃积雨云　　　　　C_L9

发展中的积雨云，云顶已全部冰晶化，发展成鬃积雨云。因逆光和距测站较远，云底看不清楚。远处有浓积云，左侧还有碎积云。

拍摄地点：海南　文昌
拍摄时间：1982 年 5 月 18 日 19 时 50 分
拍摄方向：W
拍 摄 者：郭恩铭

图 35   **积雨云** $C_L 9$

夏季南方空气潮湿，午后多对流云发展。左侧积雨云垂直发展比较旺盛，但云体水平方向发展不旺，云顶已冰晶化，受高空风的影响向西北方向伸展，已呈砧状。低空有浓积云和淡积云，高空有密卷云。

拍摄地点：广西 桂林
拍摄时间：1997 年 6 月 15 日 15 时 20 分
拍摄方向：S
拍 摄 者：郭恩铭

图 36　　　积雨云　　　C_L9

积雨云已发展到成熟阶段呈砧状，逐渐向东北方向移动，透过云砧较薄的部位可见太阳位置，但云砧较厚部位呈黑色，云底部仍在降雨。高空还有密卷云。

拍摄地点：辽宁　绥中
拍摄时间：1991 年 7 月 19 日 20 时 40 分
拍摄方向：W
拍 摄 者：郭恩铭

图 37　　　　　　　　**排列成行的积雨云**　　　　$C_L 9$

图中是排列成行的六个积雨云，逐渐向东北方向移动，云顶部已全部冰晶化。当主体移过测站之后，云体后部呈幡状下垂及地，地面观测到降雨和冰雹。

拍摄地点：北京 西郊
拍摄时间：1990 年 9 月 14 日 15 时 45 分
拍摄方向：NE
拍 摄 者：郭恩铭

图38　积雨云的悬球状云底　C_L9

积雨云由西北向东南移动，底部由于下沉气流和上升气流的共同作用，出现多个大小不同的圆球形的云泡下垂，宛如悬球，被阳光照射呈灰白色。

拍摄地点：北京　西郊
拍摄时间：1987年8月29日16时30分
拍摄方向：SW
拍　摄　者：郭恩铭

图 39　　　　　　　　　　**积雨云的悬球状云底**　　　　$C_L 9$

从西北方向移来的积雨云云底出现悬球状云泡，5 分钟后圆球状的特征更加明显，悬球状云被夕阳反射呈黄红色。

拍摄地点：北京　西郊
拍摄时间：1986 年 10 月 1 日 17 时 55 分
拍摄方向：N
拍 摄 者：郭恩铭

图 40　　积雨云的悬球状云底　　C$_L$9

积雨云底部由于下沉气流和弱上升气流的扰动作用，形成了一个个圆球形的云泡下垂，宛如无数气球悬在云底。

拍摄地点：内蒙古　呼和浩特
拍摄时间：1982 年 8 月 29 日 05 时 49 分
拍摄方向：SE
拍摄者：郭恩铭

图41　　积雨云　　C_L9

积雨云发展很旺盛，由南向北移动，云顶伸展很高，云体很宽，云底黑暗起伏不平，在云底中部和右侧均出现较强的降雨带。

拍摄地点：辽宁　鞍山
拍摄时间：1993年7月12日18时10分
拍摄方向：WNW
拍　摄　者：张公良

图 42　　　　　积雨云降雨　　　　　$C_L 9$

积雨云由西北向东南方向移动，云体内对流发展猛烈，云中闪电、雷声不断，云底出现两个降雨带，约 10 分钟后降大雨。

拍摄地点：辽宁　绥中
拍摄时间：1990 年 7 月 21 日 14 时 17 分
拍摄方向：NE
拍 摄 者：马德明

图 43　　　　　　　　**积雨云云底**　　　　　　　　C_L9

图中是积雨云云底降雨幡，它是雨滴在低空下降过程中形成的。由于低空非常干燥，很多雨滴在下落过程中蒸发了，所以雨幡未能及地，云底呈黑灰色，雨幡由于逆光而呈黄灰色。

拍摄地点：西藏 拉萨
拍摄时间：1981 年 6 月 13 日 20 时 30 分
拍摄方向：W
拍 摄 者：郭恩铭

图44　　　　　　　　积雨云降雹　　　　　　　$C_L 9$

积雨云移过山区时，在迎面的山坡上降下了大量冰雹。图中深蓝灰色部分是积雨云底，山坡上白色部分是降下的冰雹，积雹厚度约1厘米。

拍摄地点：西藏　米拉山
拍摄时间：1981年7月10日14时10分
拍摄方向：NE
拍　摄　者：郭恩铭

图 45 **积雨云云底** C_L9

图中是测站西南方向出现的积雨云云底，云底有雨幡下垂，远处天边有堡状层积云。

拍摄地点：西藏 拉萨
拍摄时间：1981 年 6 月 13 日 20 时 25 分
拍摄方向：SW
拍 摄 者：郭恩铭

图 46   **积雨云降雹带** $C_L 9$

积雨云已发展成冰雹云，从测站西北向东南方向移动。云底出现降雨和冰雹，云底接地的部位是泄雹带，呈白色垂幕状，沿山坡出现一窄条白色雹层，所降冰雹最大直径为 7 毫米，地面积雹厚为 2 厘米。

拍摄地点：西藏 嘉错拉山
拍摄时间：1981 年 6 月 24 日 17 时 15 分
拍摄方向：SW
拍 摄 者：郭恩铭

图 47　　积雨云降雨　　C$_L$9

发展迅猛的积雨云，在测站的西北方向正在降大雨，云底出现碎雨云，这是由于雨滴在下降过程中蒸发，而后局部水汽凝结而形成的。

拍摄地点：北京　西郊
拍摄时间：1985年8月24日17时30分
拍摄方向：NW
拍　摄　者：郭恩铭

图 48　　　　　　　　　积雨云云底　　　　　　　　C_L9

积雨云从西向东移动，云体已移至山区。受地形影响云中上升、下沉气流非常强烈，云底阴暗混乱，宛如海涛滚滚，并伴有闪电、雷雨和大风。

拍摄地点：辽宁　虹螺山
拍摄时间：1987 年 7 月 21 日 20 时 10 分
拍摄方向：NW
拍 摄 者：郭恩铭

图 49　　　　　　　　**积雨云云底**　　　　　　　　C_L9

海面上积雨云云底不平，已出现降雨。云体右侧显得明亮，云底呈黑灰色，降雨带已与海面相接，阵雨来势很猛。图中岸边白色部分是海浪。

拍摄地点：台湾 高雄
拍摄时间：2002 年 5 月 20 日
拍摄方向：S
拍 摄 者：张蔷

图 50　　　　　　　　**积雨云云砧底部**　　　　　　C_L9

积雨云云砧移至海面上空呈蓝灰色。这块积雨云是在陆地上形成发展起来的，随着西北气流向海面上移动。从图中可看到云砧底部有碎雨云。

拍摄地点：辽宁 葫芦岛
拍摄时间：1981 年 8 月 7 日 14 时 30 分
拍摄方向：SW
拍 摄 者：郭恩铭

图 51   **海上积雨云** $C_L 9$

海面上有数个积雨云排列成行，因距离较远，受海面曲率影响，只能看到积雨云云砧从西向东伸展。图中上部也是积雨云云砧，呈白灰色，云砧尖端呈毛丝般结构。

拍摄地点：辽宁 葫芦岛
拍摄时间：1981 年 8 月 7 日
拍摄方向：SE
拍 摄 者：郭恩铭

图 52 鬃积雨云 C_L9

图中上部是河北保定上空发展旺盛的鬃积雨云，顶部云砧已穿过高积云所在的稳定层，这是在9000米高度从飞机上拍摄的。积雨云云砧周围是比较薄的高积云，低空可见发展中的浓积云和淡积云。

拍摄地点：河北 保定上空
拍摄时间：1982年7月27日11时10分
拍摄方向：NW
拍 摄 者：郭恩铭

图 53   **积云性层积云** C_L4

由积云平衍扩展而成的积云性层积云。云体多呈长条形，中间向上凸起仍保持积云的特征。由于逆光云体被朝阳映照呈深灰色，并伴有霞光，高空还分散着小块高积云。

拍摄地点：辽宁 鞍山
拍摄时间：1999 年 6 月 24 日 06 时 30 分
拍摄方向：E
拍 摄 者：郭恩铭

图 54　　　　　　　积云性层积云　　　　　C_L4

图中的积云性层积云是由早晨空中分散的积云减弱扩展而形成的，逆光呈暗灰色。云的形状很不规则，多为长条形，中间凸起，也有大小不同的块状，云块间有缝隙。由于早晨空气湿度较大，旭日光辉透过云隙，出现霞光。

拍摄地点：北京　海淀
拍摄时间：1984 年 9 月 17 日 06 时 10 分
拍摄方向：E
拍　摄　者：郭恩铭

图 55　　　　　积云性层积云　　　　　C_L4

夕阳西下，映照着天空中的层积云和高积云。中间还有凸起，具有积云的特征，呈黄红色。图中低空长条形云是层积云，它是由积云衰退而形成的。高空分布着云块大小不同的高积云，它的云体也逐渐减弱，边缘有些零散，云底还有幡状。

拍摄地点：北京　西郊
拍摄时间：1979 年 8 月 25 日 19 时 30 分
拍摄方向：W
拍　摄　者：郭恩铭

图 56   **透光层积云** C_L5

图中是透光层积云，云块呈灰色，形状不很规则，云块间的缝隙明显呈白色，阳光透过云隙照射到草原上。

拍摄地点：内蒙古 呼和浩特
拍摄时间：1982 年 7 月 9 日 07 时 05 分
拍摄方向：E
拍 摄 者：郭恩铭

图 57　　　　　　　　**透光层积云**　　　　　　　　C_L5

图中是透光层积云，云块排列平整，被夕阳映照呈金黄色。云块间有缝隙，可见蓝天。

拍摄地点：贵州　桐林
拍摄时间：1980 年 1 月 14 日 17 时 30 分
拍摄方向：W
拍　摄　者：郭恩铭

图 58　　　　　　　　　　透光层积云　　　　　　　　C_L5

透光层积云呈长条形分布在低空，因逆光，云条呈暗灰色。透光层积云平行排列，云条之间有缝隙。图中上部白色云块是高积云，阳光映照着大片高积云，在上部蓝天处出现了霞光。

拍摄地点：北京　顺义
拍摄时间：2001年10月31日08时40分
拍摄方向：E
拍　摄　者：郭恩铭

图 59 **透光层积云** C_L5

透光层积云成波状排列,云条厚的部分呈深灰色,云隙处稍薄显得明亮。图中右侧低空还有零碎的层积云。

拍摄地点:北京 西郊
拍摄时间:1986 年 6 月 14 日 10 时 20 分
拍摄方向:NE
拍 摄 者:郭恩铭

图 60　　　　　　　　**蔽光层积云**　　　　　　　　C_L5

蔽光层积云布满全天，呈灰白色。由于云层厚度不均，有深灰浅白之分。远处云底呈暗灰色，已遮盖山顶。

拍摄地点：广东 深圳
拍摄时间：1982 年 6 月 8 日 17 时 10 分
拍摄方向：SW
拍 摄 者：郭恩铭

图 61　　　　　　　　　蔽光层积云　　　　　　　C_L5

蔽光层积云布满全天呈灰白色。云块大小不均，左侧云块较大，轮廓比较明显，曾降零星小雨。

拍摄地点：广西　桂林
拍摄时间：1997年6月16日14时20分
拍摄方向：SE
拍 摄 者：郭恩铭

图 62　　　　　　　　蔽光层积云　　　　　　　　C_L5

蔽光层积云布满全天。云层较厚呈暗灰色，云层很低，远处山顶已被云底遮盖。

拍摄地点：广东　肇庆
拍摄时间：1982 年 6 月 5 日 10 时 10 分
拍摄方向：SE
拍 摄 者：郭恩铭

图 63　　　　　　　**层积云**　　　　　　　C_L5

雨后转晴，潮湿空气抬升形成了层积云，太阳升高后层积云逐渐消散。高空是分散的高积云。

拍摄地点：西藏 林芝
拍摄时间：1981 年 7 月 14 日 07 时 14 分
拍摄方向：N
拍 摄 者：郭恩铭

图64　　　层云　　　C_L6

层云云底很低，呈灰色。它是海面形成的浓雾抬升而形成的，正由南向北移动，海岸北边的山顶已被层云云底遮盖。

拍摄地点：辽宁　大连
拍摄时间：1998年8月10日08时10分
拍摄方向：W
拍　摄　者：郭恩铭

图 65　　　层云　　　C_L6

层云由海雾飘移到陆地时抬升而形成。云体均匀成层，呈灰色，云底很低，高楼已被云层掩盖。

拍摄地点：山东 青岛
拍摄时间：1987 年 5 月 21 日 09 时 30 分
拍摄方向：NE
拍 摄 者：郭恩铭

图66　　　层云　　　C_L6

层云的云层较厚，呈暗灰色，由海上向北岸移来，山顶已被层云遮住。

拍摄地点：辽宁　大连
拍摄时间：1998年8月12日09时15分
拍摄方向：SW
拍 摄 者：郭恩铭

图 67   **层云** $C_L 6$

夜雨过后，又出现了浓雾。早晨气温逐渐升高，浓雾抬升而形成层云。层云由南向北移动，遮住山顶。

拍摄地点：西藏 林芝
拍摄时间：1981 年 7 月 14 日 06 时 14 分
拍摄方向：NW
拍 摄 者：郭恩铭

图68　　　　碎层云　　　　C_L6

层云受太阳辐射增强的影响，沿山坡抬升演变成碎层云，高空分布着高积云。

拍摄地点：西藏 林芝
拍摄时间：1981年7月14日08时15分
拍摄方向：SW
拍 摄 者：郭恩铭

图 69　　雨层云和碎雨云　　C_L7 C_M2

雨层云低而均匀，呈灰色，当时正在下雨，云体遮蔽着山峰。山坡右侧有碎雨云。

拍摄地点：安徽 黄山
拍摄时间：1980 年 9 月 26 日 10 时 15 分
拍摄方向：E
拍 摄 者：郭恩铭

图 70　　　雨层云和碎雨云　　　$C_L7\ C_M2$

雨层云布满全天，云层很厚，呈暗灰色。底层为漫无定形的碎雨云，当时正在下雨。

拍摄地点：海南　海口
拍摄时间：1982 年 5 月 14 日 08 时 10 分
拍摄方向：S
拍 摄 者：郭恩铭

图 71　　　　　　　　**雨层云**　　　　　　　　C_M2

雨层云云层很厚，呈深灰色，布满全天，云底较阴暗，接近山峰明亮的地方正在降雨。

拍摄地点：西藏 江孜
拍摄时间：1981 年 7 月 1 日 08 时 45 分
拍摄方向：NNE
拍 摄 者：郭恩铭

图 72　　　　雨层云　　　　$C_L7\ C_M2$

雨层云正在降雪，山上海拔 4500 米，气温很低，但在公路上气温略高，雪花落地后随即融化。

拍摄地点：西藏　干巴拉山
拍摄时间：1981 年 7 月 1 日 10 时 20 分
拍摄方向：SE
拍 摄 者：郭恩铭

图 73　　　　　　　　　雨层云　　　　　　　　　$C_L7\ C_M2$

呈暗灰色的雨层云布满全天，云层很厚，云底很低，由东南向西北方向移动。山顶被雨层云遮住，山上已出现降雨。

拍摄地点：辽宁 虹螺山
拍摄时间：1985年7月21日15时10分
拍摄方向：NE
拍 摄 者：郭恩铭

图74　　　　雨层云　　　　　　$C_L7\ C_M2$

雨层云云底很低，云层很厚，布满全天，呈暗灰色，正在下雨。山峰虽已被碎雨云遮蔽，但山顶仍隐约可见，远处还有碎雨云。

拍摄地点：安徽　阜阳
拍摄时间：2000年4月25日10时10分
拍摄方向：E
拍　摄　者：王俊侠

图 75　　　　　　　　　　**雨层云**　　　　　　　　　　$C_L7\ C_M2$

雨层云布满全天，云层很厚，呈暗灰色。云底很低呈波状起伏，远方正在下雨。

拍摄地点：内蒙古 呼和浩特
拍摄时间：1982 年 8 月 27 日 10 时 20 分
拍摄方向：NE
拍 摄 者：郭恩铭

图76　　　积云和层积云　　　C$_L$8

层积云呈深灰色，云体散乱，未布满全天。山峰附近的层积云正在抬高，发展为淡积云，远处有淡积云。

拍摄地点：西藏　拉萨
拍摄时间：1981年6月22日10时10分
拍摄方向：E
拍　摄　者：郭恩铭

中云 C_M

图 77　　透光高层云　　C_M1

均匀的透光高层云布满全天，云层呈灰白色，透过云层太阳位置可辨，但其轮廓不太清晰。

拍摄地点：北京 颐和园
拍摄时间：2001 年 4 月 20 日 11 时 10 分
拍摄方向：SE
拍　摄　者：郭恩铭

图 78　　　透光高层云　　　C_M1

浅灰色的透光高层云。云层较薄，厚度比较均匀，已布满全天。透过云层看到太阳轮廓模糊，好像隔了一层毛玻璃。

拍摄地点：北京　西郊
拍摄时间：1981 年 5 月 1 日 15 时 10 分
拍摄方向：SW
拍　摄　者：郭恩铭

图79　　　蔽光高层云　　　C_M2

蔽光高层云布满全天，云层较厚也很均匀，呈浅灰色，阳光全部被遮挡，看不见太阳位置。

拍摄地点：北京　紫竹院
拍摄时间：2002年4月22日10时20分
拍摄方向：SW
拍 摄 者：张蔷

图 80　　　　蔽光高层云　　　C_M2

布满全天的蔽光高层云，云层较厚，均匀成云幕，呈灰色，太阳被高层云遮挡，辨不清位置。在高层云下面有几块暗灰色的高积云。

拍摄地点：北京 香山
拍摄时间：1987 年 5 月 30 日 06 时 10 分
拍摄方向：SE
拍 摄 者：郭恩铭

图 81 **透光高积云** C_M3

透光高积云云块不大，呈波状排列，云隙之间可见蓝天。

拍摄地点：北京 西郊
拍摄时间：1986 年 5 月 30 日 08 时 00 分
拍摄方向：NE
拍 摄 者：郭恩铭

图 82 　　　　　　　　　**透光高积云** 　　　　　　　　　C_M3

透光高积云呈波状排列，云隙间可见蓝天，在太阳即将升起的地方(山峰上部)显得明亮。

拍摄地点：西藏 拉萨
拍摄时间：1981 年 7 月 15 日 07 时 40 分
拍摄方向：ENE
拍 摄 者：郭恩铭

图83　　　　透光高积云　　　　C_M3

傍晚，夕阳映照着空中的高积云。云块厚薄不均，较厚的部分呈深红色，较薄或边缘部分颜色明亮。

拍摄地点：辽宁　大连
拍摄时间：2000年5月7日18时40分
拍摄方向：NW
拍　摄　者：李光亮

图 84　　　　　荚状高积云　　　　　C_M4

形如长条豆荚的高积云，零散地分布在天空。图中上部的荚状云处于消散阶段，云体已散乱发毛，左上角的一块正逐渐消失。

拍摄地点：北京　西郊
拍摄时间：1982 年 8 月 19 日 09 时
拍摄方向：SSE
拍 摄 者：郭恩铭

图 85　　　　　　　　　　**荚状高积云**　　　　　　　　C_M4

荚状高积云垂直排列在空中，上边的云体较长，下边的较短。云体呈白色，最下边的云底呈暗灰色。

拍摄地点：北京　紫竹院
拍摄时间：2000年4月10日10时10分
拍摄方向：SW
拍　摄　者：郭恩铭

图 86　　　　　荚状高积云　　　　　C_M4

白色荚状高积云，中间较厚，边缘较薄。大块荚状高积云的左侧逐渐消散，右侧仍保持原状。另外几条也在逐渐消散。

拍摄地点：北京 海淀
拍摄时间：2002 年 9 月 16 日 10 时 20 分
拍摄方向：W
拍 摄 者：张蔷

图 87　　荚状高积云　　C_M4

白色荚状高积云，云体在空中呈45°角倾斜。荚状云下部还分布着零散的高积云。

拍摄地点：北京　海淀
拍摄时间：1982年8月19日09时30分
拍摄方向：SE
拍　摄　者：郭恩铭

图 88　　　　透光高积云　　　　C_M5

透光高积云分布在东方的天空。旭日东升，朝霞映照着高积云呈红色。云体是由多个云块排列组成，厚的部分呈暗黑色，薄的部分全是红色，显得十分壮观。

拍摄地点：北京　西郊
拍摄时间：1986年5月25日05时40分
拍摄方向：E
拍　摄　者：郭恩铭

图 89　　透光高积云　　C_M5

透光高积云系统地侵入天空，云体排列成波状，云隙之间可见蓝天。

拍摄地点：江西 庐山
拍摄时间：1981 年 2 月 16 日 08 时
拍摄方向：E
拍 摄 者：郭恩铭

图 90　　透光高积云　　C_M5

辐辏状高积云从东北向西南方向伸展，左侧比较厚密，其余部分厚密不匀，透过云隙可见天空。由于太阳还未升起，曙光映照云体呈红色。

拍摄地点：北京　海淀
拍摄时间：1983 年 9 月 15 日 06 时 50 分
拍摄方向：E
拍 摄 者：郭恩铭

图 91　　　　　　　　　　透光高积云　　　　　　　　　　C_M5

透光高积云系统地移至测站上空。云的厚度很不均匀，薄的云块被夕阳照得呈金黄色，较厚的云条呈灰色，远离太阳的地方呈深灰色。整个云层正在逐渐增厚。

拍摄地点：青海 青海湖西岸
拍摄时间：1971 年 7 月 4 日 19 时 45 分
拍摄方向：W
拍 摄 者：郭恩铭

图 92　　　　　　　　**透光高积云**　　　　　　　　$C_M5\ C_H2$

透光高积云呈波状排列。薄的云块呈白色，透过云隙可见蓝天，厚的云块呈灰色。由于太阳被遮挡，图中下部高积云呈暗灰色，远方天边是密卷云。

拍摄地点：辽宁　绥中
拍摄时间：1991 年 9 月 2 日 20 时 15 分
拍摄方向：W
拍 摄 者：刘晓东

图93 透光高积云 C_M5

透光高积云呈条形排列，逐渐向测站伸展。云块厚薄不太均匀，中间两条比较厚密，云隙明显，可见蓝天。右侧云块大小不同，分散在天空。

拍摄地点：江西 庐山
拍摄时间：1981年2月16日08时40分
拍摄方向：W
拍 摄 者：郭恩铭

图 94　　　透光高积云　　　C_M5

透光高积云上部云块大小不均，云块之间有空隙可见天空；下部云层较厚呈暗灰色。远处天边高积云厚密呈长条形。

拍摄地点：新疆　乌鲁木齐
拍摄时间：1982 年 11 月 20 日 09 时 50 分
拍摄方向：E
拍　摄　者：郭恩铭

图95　　　　　　　　　　透光高积云　　　　　　　　　　C_M5

多条高积云带呈辐辏状分布在空中。左边的较厚密，呈灰白色，其他云条逐渐展宽而后消散。

拍摄地点：北京　海淀
拍摄时间：1984年9月24日06时55分
拍摄方向：E
拍 摄 者：郭恩铭

图 96　　　　　透光高积云　　　　　C_M5

透光高积云系统移入测站上空。云层厚薄不很均匀，厚的部分云层比较阴暗，薄的部分云块缝隙比较明亮，成波状排列。远方阳光透过云层、呈黄灰色。

拍摄地点：北京　西郊
拍摄时间：1992 年 6 月 20 日 07 时 20 分
拍摄方向：E
拍 摄 者：郭恩铭

图97　　　　　　　　　　透光高积云　　　　　　　　　C_M5

高积云从测站西边向东移动，厚度比较均匀，边界非常清楚，云片较大，边缘有些散乱。这一大片高积云是由于高空风切变而形成的。

拍摄地点：内蒙古　呼和浩特
拍摄时间：1982年8月26日08时20分
拍摄方向：NW
拍 摄 者：郭恩铭

图 98　　　积云性高积云　　　C_M6

图中积云性高积云分布在天空，云体好似积云，呈白色，云底较平呈灰色，顶部仍向上凸起，排列不很整齐，透过云隙可见蓝天。

拍摄地点：西藏　拉萨
拍摄时间：1981年7月19日10时20分
拍摄方向：NW
拍 摄 者：郭恩铭

图 99　　积云性高积云　　C_M6

图为积云性高积云。云块大小很不均匀，排列也不整齐，云体边缘散乱，呈暗灰色。远处高积云呈条状，透过云层可见太阳正在升起。

拍摄地点：辽宁 荒地
拍摄时间：1989 年 7 月 2 日 06 时 05 分
拍摄方向：E
拍 摄 者：范维东

图 100　　　　　**蔽光高积云**　　　　　$C_M 7$

蔽光高积云，云条密集，排列起伏不平，呈灰色和深灰色。

拍摄地点：北京　西郊
拍摄时间：1984 年 10 月 20 日 11 时 15 分
拍摄方向：NW
拍 摄 者：郭恩铭

图 101　　　　　　　　　**蔽光高积云**　　　　　　　　　C_M7

蔽光高积云布满全天，呈波状排列，云体有明有暗但无缝隙，不见日月位置。

拍摄地点：四川 成都
拍摄时间：1987 年 12 月 16 日 08 时 15 分
拍摄方向：SW
拍 摄 者：郭恩铭

图 102　　　　蔽光高积云　　　　C_M7

蔽光高积云布满全天，呈灰色，云块较大，厚薄不匀。低空有层积云，呈深灰色。

拍摄地点：福建　厦门
拍摄时间：1987 年 7 月 5 日 14 时 30 分
拍摄方向：NE
拍 摄 者：郭恩铭

图 103　　高积云和高层云　　C_M7

图中有两层云。上层是透光高层云，比较明亮，可见日月位置；下层是高积云，云块大小不匀，呈暗灰色，排列也不整齐。

拍摄地点：上海
拍摄时间：1985年1月15日16时10分
拍摄方向：SW
拍 摄 者：俞香仁

图 104　　　　　　　　**高积云和蔽光高层云**　　　　C_M7

蔽光高层云布满全天，云层很厚，辨不清太阳位置。蔽光高层云下边分布着高积云，云块大小不同，呈灰色。

拍摄地点：山东 青岛
拍摄时间：1987年5月30日10时20分
拍摄方向：SE
拍 摄 者：郭恩铭

图105　　　　　　　　　　**高积云（双层）**　　　　　　C_M7

上层分布着透光高积云，云块较薄，个体不大，呈灰色，云隙之间可见蓝天。下层是蔽光高积云，云体边缘呈灰白色，云底呈暗灰色。

拍摄地点：辽宁　绥中
拍摄时间：1989年7月26日06时10分
拍摄方向：SW
拍　摄　者：范维东

图 106　　　堡状层积云　　　C_M8 C_H1

层积云成条状，中部较厚，呈深灰色。远处层积云云底较平，呈白色，上部凸起数个云泡，即堡状层积云。空中还分布着卷云和高积云。

拍摄地点：辽宁　绥中
拍摄时间：1990 年 9 月 15 日 09 时 15 分
拍摄方向：NW
拍 摄 者：马德明

图107　　　堡状层积云　　　$C_M 8$　$C_H 2$

层积云成条状，暗灰色，云底较平。上部有多个凸起，呈白色，好似城堡。空中有零散的高积云，呈白色。还有密卷云呈深灰色、散片状。

拍摄地点：福建　厦门
拍摄时间：1987年6月3日07时10分
拍摄方向：W
拍　摄　者：郭恩铭

图 108　　　　　堡状层积云　　　　　$C_M8\ C_H2$

海面上空分布着细长云条，底部水平，顶部有数个凸起，远看好像城堡，即堡状层积云。高空分布着块状高积云和密卷云。

拍摄地点：海南　西沙群岛
拍摄时间：1982 年 6 月 2 日 10 时 15 分
拍摄方向：W
拍 摄 者：郭恩铭

图 109　　　　堡状高积云　　　　C_M8

图中有两层高积云。上层是透光高积云，下层是堡状高积云，云底较平，云顶向上凸起几个云泡，呈堡垒状。

拍摄地点：北京 海淀
拍摄时间：1986 年 9 月 8 日 06 时 50 分
拍摄方向：NE
拍 摄 者：郭恩铭

图 110　　　　堡状高积云　　　　C_M8

测站的西北方向出现一长条堡状高积云。这条云中间部分云泡向上凸起非常明显。接近地平线的部分仍是透光高积云。

拍摄地点：新疆　乌苏
拍摄时间：1990 年 5 月 15 日 12 时 48 分
拍摄方向：NW
拍　摄　者：施文全

图111　　　堡状高积云　　　$C_M 8$

图中下部的高积云云底灰暗，云顶有多个堡状凸起，它的上空还有透光高积云。

拍摄地点：辽宁　绥中
拍摄时间：1990年9月19日08时10分
拍摄方向：NW
拍 摄 者：王永亮

图 112　　　絮状高积云　　　C_M8

云块大小不一，边缘比较破碎，形如棉絮，呈灰白色，排列不齐，变化较快，并出现了雪幡。

拍摄地点：北京 西郊
拍摄时间：2000 年 4 月 23 日 07 时 30 分
拍摄方向：NW
拍 摄 者：相铁军

图 113　　　　絮状高积云　　　　C_M8

图中的絮状高积云云块大小很不均匀，边缘破碎，排列不齐，呈白色。

拍摄地点：辽宁　鞍山
拍摄时间：1999 年 9 月 10 日 14 时 20 分
拍摄方向：NE
拍 摄 者：张公良

图 114　　　　　　　　絮状高积云　　　　　　　　$C_M 8$

图中絮状高积云云块大小不同，呈白色，边缘破碎，很像棉絮团，排列也不整齐，分散在高空。

拍摄地点：北京　紫竹院
拍摄时间：2000 年 9 月 20 日 10 时 50 分
拍摄方向：N
拍 摄 者：郭恩铭

图115　　　混乱天空高积云　　　C_M9

不同形状的高积云出现在不同的高度。中部的高积云呈片状、白色，有逐渐抬升的趋势。上部是密卷云，正逐渐演变成波状卷积云。还有积云分布在低空。

拍摄地点：辽宁　鞍山
拍摄时间：1999年6月19日14时20分
拍摄方向：SW
拍 摄 者：王绍良

图116　　　混乱天空高积云　　　$C_M 9$

图中高积云呈白色片状，正逐渐抬高演变成密卷云。高空有大片密卷云，正向卷积云演变。低空有浓积云，呈暗灰色，还有零散的淡积云。

拍摄地点：辽宁　鞍山
拍摄时间：1998年7月20日16时20分
拍摄方向：W
拍　摄　者：郭恩铭

高云 C_H

图 117   **毛卷云** $C_{H}1$

白色、明亮带有卷曲和平直丝缕结构的云片是毛卷云，分布在蓝蓝的天空。

拍摄地点：辽宁 绥中
拍摄时间：1991 年 9 月 1 日 10 时 10 分
拍摄方向：SW
拍 摄 者：郭恩铭

图 118　　　　　　　毛卷云　　　　　　　C_H1

毛卷云的毛丝般纤维结构非常明显，呈马尾状分布在高空。在天边还有密卷云。

拍摄地点：辽宁　鞍山
拍摄时间：1999 年 6 月 20 日 06 时 20 分
拍摄方向：E
拍　摄　者：张生利

图 119　　　　　　　　毛卷云　　　　　　　　C_H1

毛卷云颜色洁白，呈丝条状，好似羽毛，云片中部稍厚。

拍摄地点：江西　庐山
拍摄时间：2000 年 10 月 21 日 08 时 20 分
拍摄方向：W
拍 摄 者：郭恩铭

图 120　　　毛卷云　　　C$_H$1

毛卷云云丝近似平行排列，颜色洁白，呈丝条状。云片中部较厚，但其边缘毛丝般纤维结构十分清晰，地面树枝上有雾凇。

拍摄地点：新疆　乌鲁木齐
拍摄时间：1982 年 1 月 4 日 10 时 50 分
拍摄方向：S
拍 摄 者：郭恩铭

图 121　　　　　　　　　**毛卷云**　　　　　　　　　**C$_H$1**

图中上部是毛卷云，毛丝般纤维结构明显，呈白色。中部是长条状密卷云，云条较厚。在山峰背面是高积云，云顶起伏不平，呈白色。

拍摄地点：吉林　长白山天池
拍摄时间：1985年9月15日15时50分
拍摄方向：NE
拍　摄　者：高明忍

图122　　　　　毛卷云　　　　　C_H1

毛卷云排列成行，形如羽毛，边缘毛丝般纤维结构非常明显，颜色洁白。低空有零散的淡积云。

拍摄地点：内蒙古　呼和浩特
拍摄时间：1980年8月20日18时20分
拍摄方向：NE
拍　摄　者：郭恩铭

图 123　　　毛卷云　　　C$_{H}$1

毛卷云分散在高空，丝缕般结构明显，由于高空风速较大，致使云体显得散乱。天边处还有几片密卷云。

拍摄地点：北京　香山植物园
拍摄时间：2001 年 11 月 2 日 10 时 15 分
拍摄方向：N
拍 摄 者：王俊侠

图 124　　　毛卷云　　　C_H1

毛卷云云丝洁白，呈丝条状，纤维结构清晰。受高空气流的作用，毛卷云下部边缘呈弧形。低空有淡积云和浓积云。

拍摄地点：西藏 定日
拍摄时间：1981年6月25日11时45分
拍摄方向：NE
拍 摄 者：郭恩铭

图 125　　　密卷云　　　C_H2

密卷云云块厚密，呈团状、片状，颜色洁白，边缘毛丝般纤维结构清晰可见。天边有成片的密卷云。

拍摄地点：辽宁　绥中
拍摄时间：1991年9月6日10时30分
拍摄方向：W
拍　摄　者：宫福久

图 126　　　　密卷云　　　　　C_H2

密卷云边缘毛丝般结构清晰，云块厚密不很均匀，上边云块较大，下边云块较小，有逐渐融合的趋势。

拍摄地点：北京　颐和园
拍摄时间：2000 年 8 月 10 日 14 时 10 分
拍摄方向：NE
拍　摄　者：郭恩铭

图 127　　　密卷云　　　C_H2

早晨密卷云分散在东方，云块大小很不均匀，日出时薄的云块被映照成红色，厚的云块呈暗灰色。

拍摄地点：辽宁　绥中
拍摄时间：1989 年 7 月 20 日 05 时 55 分
拍摄方向：E
拍 摄 者：郭恩铭

图 128　　　　　密卷云　　　　　C_H2

三块比较厚密的密卷云分布在高空，密卷云正在降雪幡。雪幡是固态降水粒子（冰晶、雪晶）从云中降落而成。雪幡降落后，母体云块随即将消散。

拍摄地点：辽宁　鞍山
拍摄时间：2000 年 9 月 25 日 10 时 20 分
拍摄方向：NW
拍　摄　者：郭恩铭

图 129　　　密卷云　　　$C_{H}2$

密卷云边缘毛丝般纤维结构非常清晰，云块中部较厚，呈白色。

拍摄地点：北京 香山植物园
拍摄时间：2001年4月25日10时40分
拍摄方向：NE
拍 摄 者：郭恩铭

图 130　　　　　　密卷云　　　　　　C_H2

白色密卷云呈长条形，平行排列在高空，边缘毛丝般纤维结构清晰可辨。图中下部是多个云块组合成的长条形密卷云，毛丝般结构不明显。

拍摄地点：江西　庐山
拍摄时间：2000 年 10 月 23 日 09 时 30 分
拍摄方向：W
拍　摄　者：张蕾

图131　　　　　　　　　　密卷云　　　　　　　　　　C_H2

布达拉宫北部上空的片状密卷云，边缘比较散乱，呈白色。密卷云有雪幡成条状下垂，由于受沿山坡抬升的气流影响未能继续下曳，形似卷发。

拍摄地点：西藏 拉萨
拍摄时间：1981年6月14日18时20分
拍摄方向：N
拍 摄 者：郭恩铭

图 132　　　　　　　密卷云　　　　　　　C_H2

图中的密卷云呈辐辏状移入测站上空。云条较厚密，被朝霞映照呈红黄色，透过云条空隙可见蓝灰色天空。

拍摄地点：辽宁　锦西
拍摄时间：1981 年 8 月 5 日 05 时 40 分
拍摄方向：E
拍　摄　者：郭恩铭

图 133　　　　　　　**伪卷云**　　　　　　　C_H3

图中是逐渐脱离积雨云主体的砧状伪卷云，呈灰白色，随着高空气流由西北向东南方向移动。

拍摄地点：北京 青龙湖
拍摄时间：2002 年 4 月 28 日 11 时 10 分
拍摄方向：N
拍 摄 者：郭恩铭

图 134　　　　　　　　伪卷云　　　　　　　　　C_H3

雷阵雨过后的积雨云逐渐消散，它的砧状部分刚刚脱离母体，沿高空气流向前伸展演变成伪卷云，云体边缘毛丝般纤维结构不太清晰，呈灰白色。

拍摄地点：黑龙江　哈尔滨
拍摄时间：1982 年 7 月 20 日 14 时 30 分
拍摄方向：NE
拍 摄 者：高名忍

图 135　　　伪卷云　　　C_H3

图中是刚脱离积雨云主体的伪卷云，云体随高空气流向东北方向伸展，边缘毛丝般纤维结构比较明显，低空远处还有淡积云。

拍摄地点：江西 庐山
拍摄时间：2000 年 10 月 19 日 15 时 10 分
拍摄方向：NW
拍 摄 者：张蔷

图 136　　　　　伪卷云　　　　　$C_{H}3$

积雨云的砧状云顶脱离主体演变成伪卷云。云形仍保持砧状，随高空气流向左侧伸展，边缘毛丝般纤维结构比较明显。它的周围分散着密卷云，低空有淡积云。

拍摄地点：台湾 高雄
拍摄时间：2002 年 5 月 20 日
拍 摄 者：张蔷

图 137　　　钩卷云　　　C_H4

图中的钩卷云云体很薄，呈白色，云丝平行排列，向上一头呈钩状。

拍摄地点：北京 海淀
拍摄时间：1985 年 9 月 2 日 13 时 40 分
拍摄方向：NE
拍 摄 者：郭恩铭

图 138　　　钩卷云　　　C_H4

夕阳映照着高空的钩卷云,呈金黄色。图中下边的几片密卷云,将逐渐演变成钩卷云。

拍摄地点:辽宁 绥中
拍摄时间:1991 年 9 月 10 日 20 时 45 分
拍摄方向:W
拍 摄 者:郭恩铭

图 139　　　　　钩卷云　　　　　C_H4

钩卷云的丝缕结构明显，云丝随高空风沿水平方向延伸成钩状。钩卷云的下部还有密卷云。

拍摄地点：辽宁　葫芦岛
拍摄时间：1992年9月15日10时10分
拍摄方向：NW
拍　摄　者：宫福久

图 140　　　　　钩卷云　　　　　C_H4

钩卷云云丝纤细而洁白，平行排列，由于高空风的影响，云丝形如钩状。

拍摄地点：内蒙古 呼和浩特
拍摄时间：1982年8月26日09时40分
拍摄方向：S
拍 摄 者：郭恩铭

图 141　　　　　　　　**钩卷云**　　　　　　　　C_H4

钩卷云云丝排列成行，云体较密一端卷曲成钩状。图中左下方是密卷云。

拍摄地点：辽宁　虹螺山
拍摄时间：1987 年 7 月 22 日 10 时 10 分
拍摄方向：SW
拍 摄 者：郭恩铭

图 142　　　辐辏状卷云和卷层云　　　C_H5

辐辏状卷云呈长条形，在夕阳映照下呈红黄色，透过云隙可见黄白色卷层云布满全天。

拍摄地点：辽宁 绥中
拍摄时间：1991 年 8 月 20 日 20 时 10 分
拍摄方向：W
拍 摄 者：宫福久

图 143 毛卷层云 C~H~6

毛卷层云系统移至测站上空，云层较薄的地方可见太阳，云层较厚的部位呈灰色。图中下部有几块碎积云。

拍摄地点：海南 珊瑚岛
拍摄时间：1982 年 5 月 27 日 18 时 10 分
拍摄方向：W
拍 摄 者：郭恩铭

图 144　　　　毛卷层云　　　　C_H6

毛卷层云系统地移入测站东部高空，云层较薄，但很均匀。阳光透过云层映照在海面上。图中右边有几条较厚的高积云，低空有积云和碎积云。

拍摄地点：海南　西沙群岛
拍摄时间：1982 年 6 月 1 日 06 时 30 分
拍摄方向：E
拍 摄 者：郭恩铭

图 145　　　　　　毛卷层云　　　　　　C$_H$6

毛卷层云系统地移入观测点的上空，云层较厚，但不均匀，透过较薄的云层可见太阳，远方云层很厚，呈暗灰色。

拍摄地点：北京 颐和园
拍摄时间：1995 年 9 月 15 日 18 时 10 分
拍摄方向：W
拍 摄 者：郭恩铭

图 146　　　　　　　　　毛卷层云　　　　　　　　　C_H7

毛卷层云布满全天，云层厚度很不均匀，厚的部分呈深灰色，薄的部分呈白色，透过薄的云层可见太阳。图中长条形的高积云呈暗灰色，低空分布着多块淡积云和碎积云。

拍摄地点：海南　永兴岛
拍摄时间：1982 年 5 月 29 日 07 时 30 分
拍摄方向：SE
拍 摄 者：郭恩铭

图147　　薄幕卷层云　　C$_H$7

薄幕卷层云由西北方向系统移入测站，逐渐布满全天，云层很薄，均匀成层。由于云层中冰晶粒子对日光的折射和反射作用，有完整明显的22°晕圈出现，色带排列内红外紫。

拍摄地点：北京 景山公园
拍摄时间：2002年5月6日11时50分
拍摄方向：S
拍 摄 者：张殿英

图 148　　　　　　　毛卷层云　　　　　　　C_H8

海面上空是毛卷层云，呈灰白色，云层厚度比较均匀，但未布满全天。

拍摄地点：海南　西沙群岛
拍摄时间：1982年6月2日14时20分
拍摄方向：SW
拍　摄　者：郭恩铭

图 149　　　卷积云　　　C_H9

白色波状的卷积云，排列成行，分布在天空。卷积云经常是由高空大气层结不稳定产生波动作用而形成，常有天气系统相随而来。

拍摄地点：北京　紫竹院
拍摄时间：2001 年 6 月 15 日 07 时 10 分
拍摄方向：SE
拍　摄　者：郭恩铭

图 150　　　　卷积云　　　　C_H9

卷积云系统地移至测站上空，白色云体呈波纹状排列，边缘还有密卷云。

拍摄地点：辽宁 鞍山
拍摄时间：1997 年 9 月 10 日 16 时 20 分
拍摄方向：SW
拍　摄　者：张生利

图151 卷积云 C$_H$9

图中的卷积云系统地由西北向东南方向移动。卷积云大部分呈波状排列，但右侧上角部位卷积云呈鱼鳞片状。天空中的卷积云由密卷云逐渐演变而成。

拍摄地点：天津 蓟县
拍摄时间：1996年9月25日10时25分
拍摄方向：NW
拍 摄 者：郭恩铭

图 152 卷积云 C_H9

测站正西方出现卷积云,它是由密卷云逐渐演变而成的。卷积云个体明显呈波纹状排列,右侧上角还有片状密卷云。

拍摄地点:辽宁 锦西
拍摄时间:1987 年 7 月 25 日 09 时 20 分
拍摄方向:W
拍 摄 者:郭恩铭

图 153　　　卷积云　　　C$_H$9

图中卷积云个体大小很不均匀，密集成群，系统地由西向东移动。图中下部是密卷云。

拍摄地点：江西　庐山
拍摄时间：1981 年 7 月 16 日 05 时 50 分
拍摄方向：E
拍 摄 者：郭恩铭

图 154　　　卷积云　　　C_H9

图中上部是卷积云，呈波状排列。下部的密卷云虽遮蔽了太阳，但太阳轮廓仍可见，厚的密卷云呈暗灰色。从云的形态分析，高空大气层结不稳定，下午测站有雷阵雨天气。

拍摄地点：辽宁 绥中
拍摄时间：1990年6月9日09时10分
拍摄方向：SE
拍 摄 者：郭恩铭

图 155　　　　　　　　　**卷积云**　　　　　　　　　**C_H9**

图中右侧上部是受高空气流波动的影响，由密卷云演变而成的波状卷积云。左侧上部密卷云呈片状，而下部的密卷云则形似波浪。

拍摄地点：辽宁 鞍山
拍摄时间：2000 年 6 月 5 日 09 时 10 分
拍摄方向：NE
拍 摄 者：郭恩铭

图156　　　卷积云　　　C_H9

密卷云扩展演变而成卷积云，呈白色，波状排列。

拍摄地点：北京 紫竹院
拍摄时间：2001年6月15日08时15分
拍摄方向：SW
拍 摄 者：郭恩铭

图 157　　　　卷积云　　　　C$_H$9

图中的卷积云是由密卷云演变而成，云块较小，密集成群。右上边卷积云排列呈波状，左边是密卷云。

拍摄地点：北京　西郊
拍摄时间：1982年8月9日19时20分
拍摄方向：NE
拍　摄　者：郭恩铭

图 158　　　　　**卷积云**　　　　　C_H9

图中卷积云呈鱼鳞片状，它是由密卷云演变而成。右侧仍是密卷云。

拍摄地点：北京 顺义
拍摄时间：2003年4月20日10时20分
拍摄方向：NW
拍 摄 者：郭恩铭

天气现象

图 159 虹

积雨云降雨过后,但仍有雨幡。阳光照射在雨幡上而形成虹。虹的色彩比较鲜艳,色带排列内紫外红。

拍摄地点:北京 海淀
拍摄时间:1987 年 8 月 29 日 19 时 20 分
拍摄方向:E
拍 摄 者:郭恩铭

图 160　　　　　　　　虹霓

积雨云主体已移出测站，但云的后部仍在下雨，由于雨滴对阳光的折射和反射作用而形成内紫外红的虹与内红外紫的霓。

拍摄地点：北京　五塔寺
拍摄时间：1987 年 9 月 20 日 19 时 30 分
拍摄方向：E
拍 摄 者：郭恩铭

图 161　　　　　虹霓

积雨云由西北向东南方向移动，云的主体后部仍在降雨，夕阳照射在降雨部位即出现虹和霓。

拍摄地点：辽宁　绥中
拍摄时间：1991年9月3日19时23分
拍摄方向：S
拍 摄 者：郭恩铭

图 162 华

天空中的圆月被一层薄云遮盖，月光透过薄云时产生衍射而形成的彩色光环即称为华。

拍摄地点：海南　永兴岛
拍摄时间：1982 年 6 月 2 日 22 时 30 分
拍摄方向：天顶
拍 摄 者：郭恩铭

图 163 华

高积云的边缘已遮住了太阳，由于云中水滴对阳光的衍射而形成内蓝外红的华。

拍摄地点：江苏 扬州
拍摄时间：1983年10月28日13时40分
拍摄方向：SW
拍 摄 者：郭恩铭

图164　　　　华

天气晴朗，云层较薄的高积云分布在天空。当高积云遮住太阳时，因云中云滴衍射而形成日华。

拍摄地点：北京 海淀
拍摄时间：1984年7月12日10时45分
拍摄方向：SSE
拍 摄 者：郭恩铭

图 165　　　　　　　　华

天空中分布着成行排列的高积云。当高积云遮住太阳时出现了日华，红、蓝色层次明显可见。

拍摄地点：江西　庐山
拍摄时间：1981 年 12 月 25 日 12 时 25 分
拍摄方向：S
拍 摄 者：苏茂

图 166　　　　　　假日

卷层云由西北方向移至测站上空，尚未布满全天。云层薄而均匀，毛丝般纤维结构隐约可见，阳光透过云层形成一个晕圈，在太阳两侧的晕圈上出现两个光斑，叫做"假日"。

拍摄地点：江西　庐山
拍摄时间：1970 年 7 月 5 日 07 时 15 分
拍摄方向：E
拍 摄 者：郭恩铭

图 167   **假 日**

卷层云布满天空，但不很均匀。阳光照射卷层云中的冰晶粒子折射而形成22°晕圈，在太阳左右两侧晕圈上出现两个光斑即假日。

拍摄地点：宁夏 银川
拍摄时间：1993年4月20日07时45分
拍摄方向：E
拍 摄 者：郭恩铭

图 168　　　　　　　　　　　　　　　　日柱

卷层云布满全天，云层厚薄不匀，太阳光透过云层，出现了垂直向上的光柱即称为日柱。

拍摄地点：江西　庐山
拍摄时间：1981 年 4 月 29 日 18 时 40 分
拍摄方向：W
拍 摄 者：苏茂

图 169　　　　　　晕

薄幕卷层云布满全天，云层很薄，均匀成层。由于云中冰晶粒子对太阳光的折射和反射作用，出现了 22°晕圈，色带排列内红外紫。

拍摄地点：北京 景山公园
拍摄时间：2002 年 5 月 6 日 12 时 15 分
拍摄方向：S
拍 摄 者：张殿英

图 170 晕

匀薄幕卷层云很薄，分布在天空，太阳光透过云层形成 22°晕圈。在 22°晕圈外侧还可看到 46°晕圈的一部分。

拍摄地点：北京 景山公园
拍摄时间：2002 年 5 月 6 日 12 时 20 分
拍摄方向：S
拍 摄 者：张殿英

图 171　　　　　　　　　宝光

宝光是一种大气光学现象。当人面对云雾而立，阳光从人的背后照射过来，将人的影子投射于云雾上，由于阳光经云雾水滴的衍射，在人的影子周围产生了内紫外红的光环即是宝光(俗称峨眉宝光)。

拍摄地点：安徽　黄山
拍摄时间：2002 年 2 月 23 日 11 时 06 分
拍摄方向：ENE
拍　摄　者：胡福生

图 172　　　　　　　宝光

高山上云雾弥漫，阳光从观测者背后照射时出现的宝光。

拍摄地点：安徽　黄山
拍摄时间：2002年2月24日16时47分
拍摄方向：ENE
拍　摄　者：赖比星

图 173　　　　　　宝光

峨眉山金顶附近出现的峨眉宝光。

拍摄地点：四川　峨眉山
拍摄时间：1999 年 12 月 24 日 10 时 33 分
拍摄方向：SW
拍 摄 者：赖比星

图174　　　　　　　　　　虹彩

中午过后天空出现了卷云和卷积云，云层不厚有些发毛，它是由过冷水滴和冰晶组成。当太阳直射在卷积云云顶时，由于过冷水滴和冰晶对阳光的衍射作用，形成非常美丽的虹彩。

拍摄地点：北京　西郊
拍摄时间：1985年9月2日13时50分
拍摄方向：SW
拍　摄　者：郭恩铭

图 175   **曙暮光楔**

日落西山，天空中分布着大片高积云。飞机航行在10000米高空观测到西方有砧状积雨云。高积云已呈暗黑色，天空是深蓝色，两者之间有黄红色亮带即曙暮光楔。这是大气中粒子对阳光散射的结果。

拍摄地点：四川 上空
拍摄时间：1987年9月16日19时40分
拍摄方向：W
拍 摄 者：郭恩铭

a b

图 176　　　　　　　　　　　蜃景

蜃景是海面上由于大气折射、反射而形成的光学现象。天气晴好海面受热后低层空气上下密度不同，太阳光穿过空气层产生折射和全反射，海面上出现似有海岛、舰船的蜃景（图176a）。有时还会呈现城楼的蜃景（图176b）。

拍摄地点：山东　蓬莱
拍摄时间：1988年6月17日14时25分
拍摄方向：ESE
拍　摄　者：孙玉平

图 177 闪电(线状)

测站北方积雨云发展迅猛,云地放电频次虽然不多,但图中线状竖闪直接与高层避雷装置接触,当时正降大雨。

拍摄地点:北京 西郊
拍摄时间:1986年7月15日21时40分
拍摄方向:N
拍 摄 者:郭恩铭

图178　　　　闪电(线状)

积雨云已移至测站的东方，出现强烈的线状竖闪，从云中快速弯曲行进与地面接触，当时正下大雨。

拍摄地点：北京 西郊
拍摄时间：1986年7月15日21时55分
拍摄方向：E
拍 摄 者：高明忍

图 179   闪电(线状)

积雨云已移到测站附近上空,闪电很强烈,但都是云地相接的线状竖闪,只降大雨,未出现冰雹。

拍摄地点:辽宁 鞍山
拍摄时间:1993 年 7 月 14 日 22 时 50 分
拍摄方向:S
拍 摄 者:郭恩铭

图 180　　　　　　闪电(枝状)

积雨云经过测站向正南方向移去，云体庞大，云底放电很猛烈。测站南面和西南方向频繁出现枝状闪电。图中右侧的闪电最强，出现了强光通道，另外两个发展不太猛烈。

拍摄地点：北京　海淀
拍摄时间：1987 年 7 月 30 日 21 时 50 分
拍摄方向：SW
拍 摄 者：郭恩铭

图 184   **闪电(云中闪电)**

测站的正北方向出现发展旺盛的积雨云,正由山区向平原移动,云中扰动十分强烈,下部出现横闪。这片积雨云在北部山区曾降雹,但雹量不大。

拍摄地点: 北京 海淀
拍摄时间: 1986 年 9 月 9 日 21 时 30 分
拍摄方向: N
拍 摄 者: 郭恩铭

图 183   **闪电(球状)**

北京西山地区夜间，积雨云发展很旺盛，闪电出现频繁。在出现过几次枝状闪电之后，突然出现了球状闪电，见图183a。图183b 是放大3倍的球状闪电。

拍摄地点：北京 海淀
拍摄时间：1987年7月15日22时10分
拍摄方向：NW
拍 摄 者：郭恩铭

图 182　　　　　　　　　闪电(枝状)

夜间积雨云由西北向东南方向移动，当移过测站时，出现枝状闪电，并已接触地面。

拍摄地点：内蒙古 呼和浩特
拍摄时间：2000 年 7 月 20 日 21 时 50 分
拍摄方向：S
拍 摄 者：赵国卫

图 181　　　　　　　闪电(枝状)

积雨云发展很旺盛，云中放电猛烈，图中枝状闪电主要通道接地，其余是云中放电。

拍摄地点：内蒙古 呼和浩特
拍摄时间：2000 年 7 月 20 日 21 时 40 分
拍摄方向：SE
拍 摄 者：郭恩铭

图 185 云滴

云滴是指云中的众多不同尺度的水滴，云滴的直径为几个微米至 100 微米，图中是不同尺度的云滴，大云滴直径为 40 微米，小云滴为 7.5 微米。

拍摄地点：江西 庐山
拍 摄 者：郭恩铭 陈越华

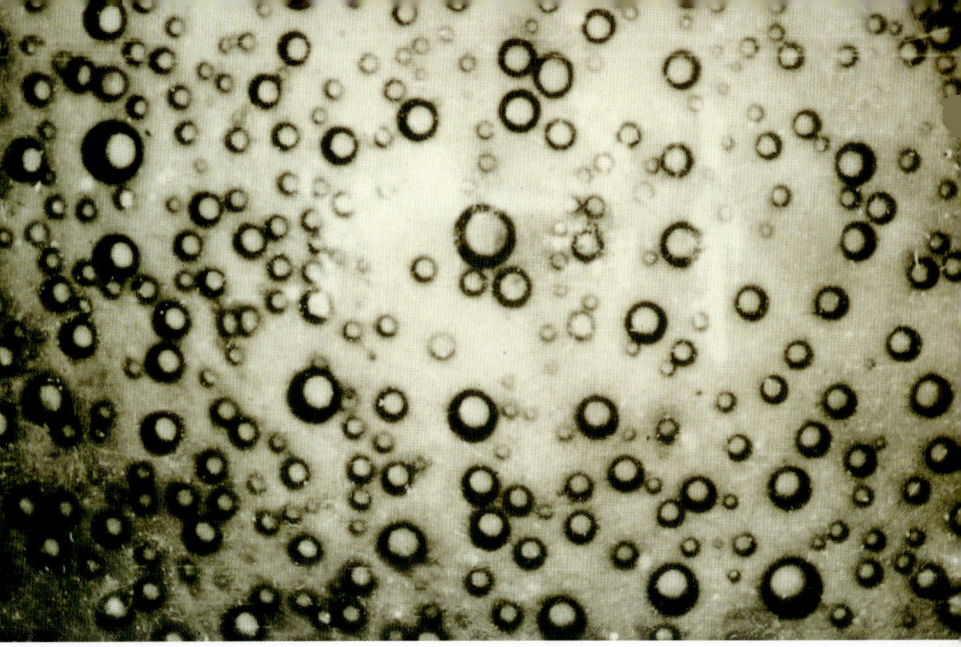

图 186 冻滴

冻滴是从云中降落到地面的过程中冻结的雨滴，也叫冰粒。它的直径 1 毫米至 3 毫米

拍摄地点：江西 庐山
拍 摄 者：郭恩铭

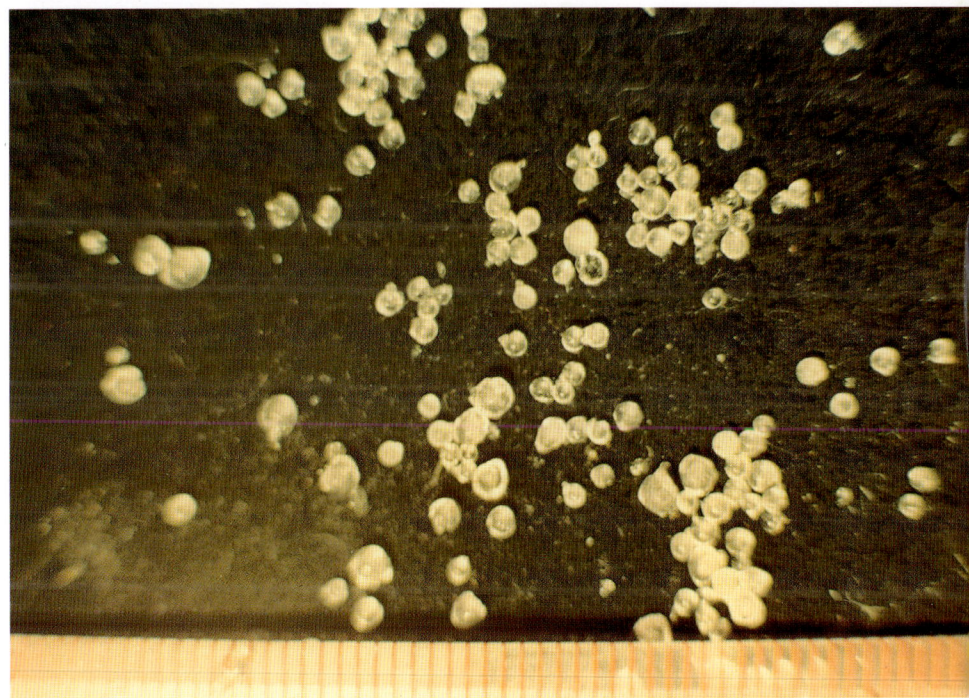

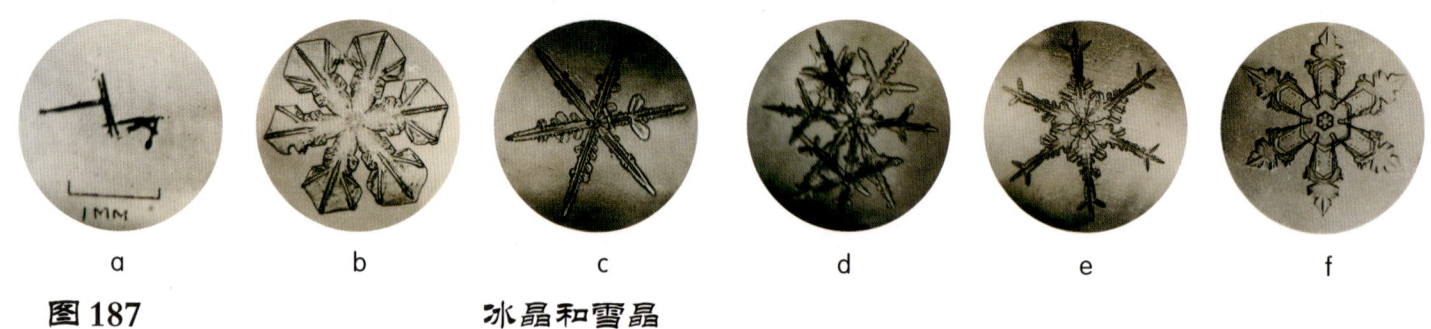

图 187　　　　　冰晶和雪晶

冰晶和雪晶是固态降水，它们的形状多样，为白色不透明的晶体。图中左上的冰晶（图187a）为针状和柱状，雪晶（图187b）为六角枝状，雪晶（图187c）为枝星状，雪晶（图187d）为碰合的枝星状，雪晶（图187e）为星状，雪晶（图187f）为星状。

拍摄地点：江西　庐山
拍　摄　者：陈越华

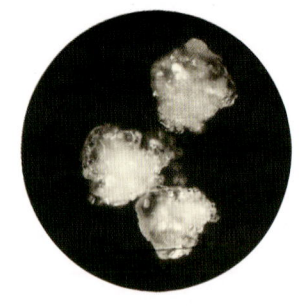

图 188　　　　　米雪

白色不透明的比较扁的或比较长的小颗粒固态降水，它的直径一般小于1毫米，着地时不反跳。

拍摄地点：江西　庐山
拍摄时间：1982年1月27日22时40分
拍　摄　者：陈越华

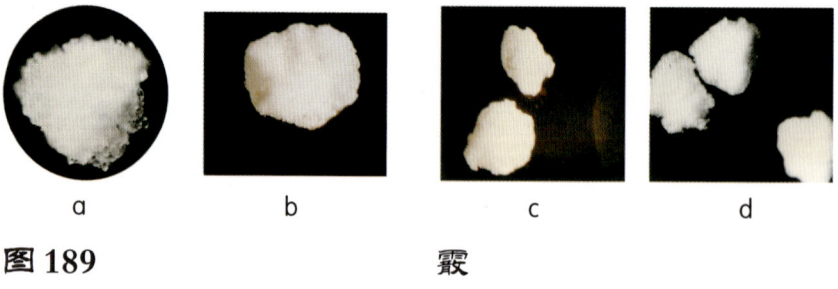

图 189　　　　　霰

霰是由不同形状的雪晶凇附大量过冷水滴而逐渐形成的白色不透明团粒。从图189a、b可看出，枝星状雪晶凇附大量过冷水滴逐渐形成霰。图189c是一个枣形团粒，它是由柱状晶体凇附大量过冷水滴而形成的。图189d是由枝星状雪晶凇附大量过冷水滴而形成。

拍摄地点：江西　庐山
拍　摄　者：郭恩铭　陈越华

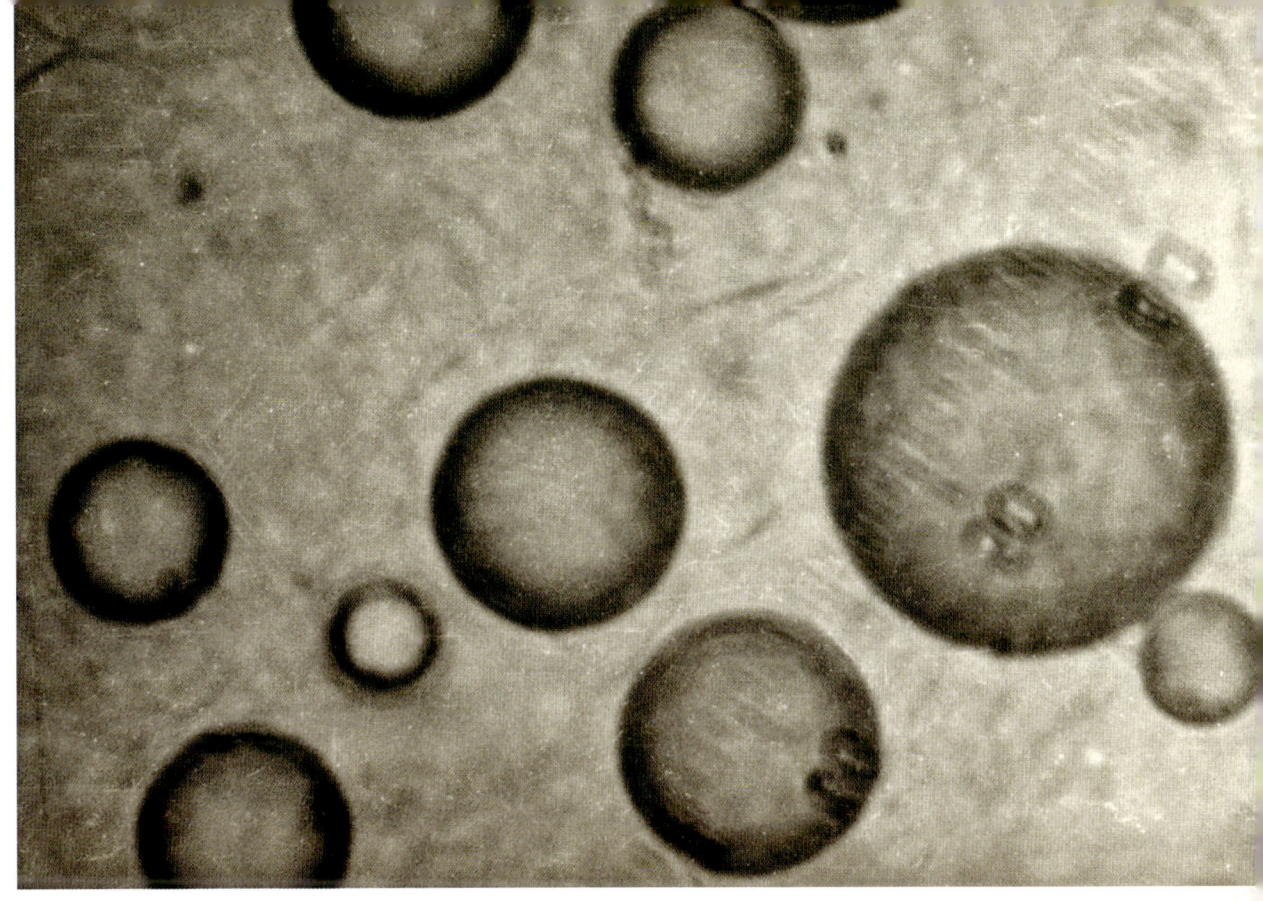

图 190　　　　　　　　雨滴

雨滴是从云中下降的液态降水，直径≥0.5毫米，由于雨滴落速较快，呈雨线，清晰可见。落在水面上会激起波纹和水花，落在地面上可留下湿斑。图中的雨滴最大直径15毫米，最小直径3毫米。

拍摄地点：江西　庐山
拍 摄 者：郭恩铭　陈越华

图 191 雨凇

冬季树木和电线温度在0℃以下，当云中的过冷雨滴落在树木和电线表面时，迅即冻结成冰，呈透明或毛玻璃状即是雨凇。图中电线上的雨凇由于气温升高逐渐融化再冻结而形成长串冰流。

拍摄地点：江西 庐山
拍摄时间：1970年1月10日10时20分
拍摄方向：N
拍 摄 者：郭恩铭

图 192　　　　　　　雨凇

冬季气温低于 0℃,降雨时大量的过冷雨滴降落在树枝上冻结而成为雨凇,透明而洁白。

拍摄地点:北京 紫竹院
拍摄时间:2000 年 2 月 10 日 09 时 05 分
拍摄方向:N
拍 摄 者:郭恩铭

图 193 冰雹

图中是从积雨云中降落的冰雹。冰雹形状各异，外层有透明的冰层，也有不透明的冰层。有以霰为雹核的冰雹，也有以冻滴为雹核的冰雹。

拍摄地点：北京 西郊
拍摄时间：1982年6月22日17时50分
拍 摄 者：郭恩铭

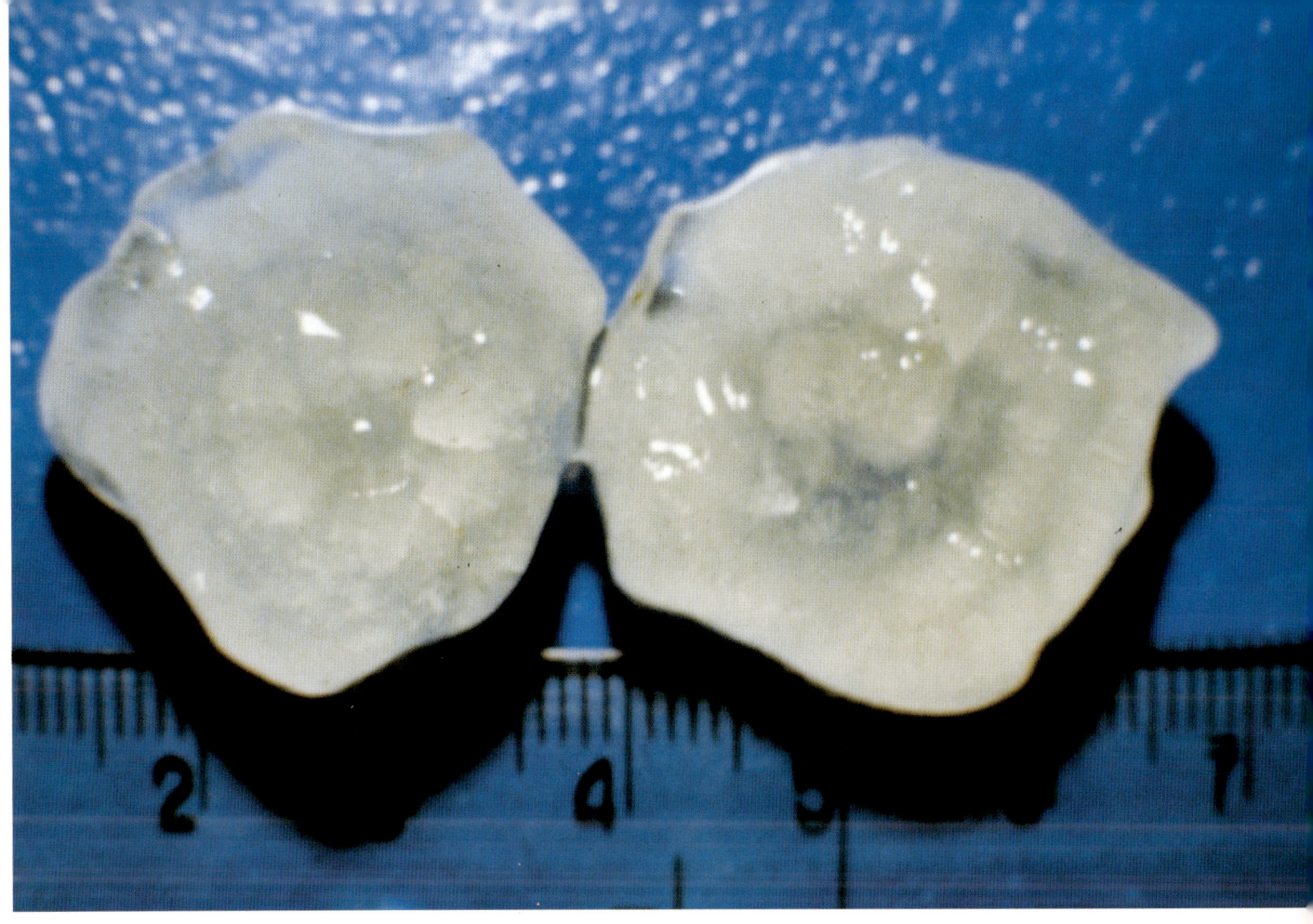

图 194　　　　　　　　冰雹

图中左边的冰雹是7个霰为雹核而形成的，右边是4个霰为雹核而形成的冰雹。

拍摄地点：北京　西郊
拍摄时间：1982年7月14日19时50分
拍 摄 者：郭恩铭

图 195 雪

雨层云布满全天，云层厚度比较均匀，并有降雪，地面积雪有 5 厘米。

拍摄地点：北京 西郊
拍摄时间：1985 年 1 月 26 日 07 时 20 分
拍摄方向：NE
拍 摄 者：郭恩铭

图 196　　　　　　　雾

早晨长春市南湖水面空气达到饱和状态,由水汽凝结而形成湖区浓雾。

拍摄地点：吉林　长春
拍摄时间：1988 年 7 月 13 日 06 时 40 分
拍摄方向：E
拍 摄 者：郭恩铭

图 197   辐射雾

图中的村庄西边有一条小河，河的两岸近地面层水汽较多，每当夜间辐射冷却，气温降低时，水汽凝结就形成了几十米厚的雾层，即辐射雾。

拍摄地点：辽宁 锦西
拍摄时间：1987 年 7 月 23 日 06 时 15 分
拍摄方向：W
拍 摄 者：郭恩铭

图 198　　　　　　　　　　　　**辐射雾**

早晨 04 时 30 分辐射雾已形成，在雾维持过程中有时变浓，有时减弱，一直持续到 09 时 30 分雾才逐渐消散。拍摄时能见度小于 150 米。

拍摄地点：四川 成都双流机场
拍摄时间：1986 年 12 月 2 日 09 时 17 分
拍摄方向：SW
拍 摄 者：郭恩铭

图 199　　　　　　　　　辐射雾

春雨过后，湿度较大，大气层结比较稳定，夜间辐射冷却降温，水汽凝结形成雾。图中是早晨 07 时的浓雾，能见度小于 100 米。

拍摄地点：北京　白颐路
拍摄时间：2002 年 4 月 6 日 07 时
拍摄方向：N
拍　摄　者：郭恩铭

图 200   **辐射雾**

阴雨天气过后，城区内湿度较大，夜间辐射冷却，水汽凝结而形成较厚的辐射雾，能见度小于 500 米。

拍摄地点：陕西 西安
拍摄时间：2000 年 11 月 3 日 07 时
拍摄方向：NW
拍 摄 者：郭恩铭

图 201 锋面雾

夜间长江江面开始降雨，凌晨雨停。冷空气移至较暖的江面上，水汽凝结而形成锋面雾。图中是武昌西部江面上的锋面雾。

拍摄地点：湖北 长江江面
拍摄时间：1989年10月20日07时10分
拍摄方向：SE
拍 摄 者：郭恩铭

图 202 锋面雾

上海当天处于暖区，降小雨，空气中湿度增大，16时降雨停止，18时气温下降，水汽凝结而形成锋面雾。图中是黄浦江江面的锋面雾，能见度100～250米。

拍摄地点：上海 黄浦江
拍摄时间：1989年1月6日22时
拍摄方向：E
拍 摄 者：郭恩铭

a

b

图 203　　　　　　　　　　　海雾(平流雾)

海上的平流雾，从鼓浪屿南边海上移来，（见图 203a），逐渐向岸边延伸，岸边一块巨石只见顶部（见图 203b），海雾又覆盖了岸边（见图 203c）。海雾在岸边持续了近 40 分钟后，逐渐往南退移而后消失。

拍摄地点：福建　鼓浪屿
拍摄时间：1987 年 6 月 4 日 09 时 30 分
拍摄方向：SE
拍 摄 者：郭恩铭

c

图 204　　　　　　　　蒸发雾

夜间降雪已停止，早晨气温较低，河面温度较高，水汽蒸发后，在水面上凝结成蒸发雾。

拍摄地点：北京　紫竹院
拍摄时间：1996 年 3 月 13 日 08 时
拍摄方向：E
拍 摄 者：郭恩铭

图 205　　　　　　　轻雾

早晨，山地园林地区日出后，受阳光照射，在近地面有几米厚的灰白色的轻雾层，即轻雾。轻雾是夜间近地层长波辐射很强，气温降低，水汽凝结而形成的。

拍摄地点：辽宁　虹螺山
拍摄时间：1987年7月22日06时05分
拍摄方向：NE
拍 摄 者：郭恩铭

图 206 雾凇

冬季雾天,在无风或微风的情况下,雾中过冷雾滴直接冻结或凝华在树枝上而形成晶莹洁白的雾凇。

拍摄地点:江西 庐山
拍 摄 者:李敏

图207　　　　　　　　雾凇

冬季，庐山上气温很低，每当出现云雾天气时，山上过冷雾随风飘移，过冷雾滴直接冻结或凝华在松树枝上形成颜色洁白的雾凇。

拍摄地点：江西　庐山
拍摄时间：1981年1月20日11时
拍摄方向：N
拍 摄 者：郭恩铭

图 208 雾凇

连日降雪之后，夜间形成了辐射雾，雾很浓。过冷雾滴在草、树枝上凝华，冻结而形成的雾凇。

拍摄地点：新疆 乌鲁木齐
拍摄时间：1982年1月4日10时55分
拍摄方向：N
拍 摄 者：郭恩铭

图 209　　　　　雾凇

图中雾凇呈白色晶状，它是冬季雾中过饱和水汽和过冷雾滴在松树枝上或其他物体上凝华或冻结而形成的，其增长速度较慢，一般不厚。

拍摄地点：江西 庐山
拍摄时间：1981 年 2 月 22 日 10 时 15 分
拍摄方向：E
拍 摄 者：郭恩铭

图 210　　　　雾凇

这是雾中过冷水滴冻结在树枝和草地上的浓密的雾凇。每当风速较大时有利于过冷雾滴接触物体而冻结或凝华,因此雾凇总是在物体的迎风面增长较快,远处可见云雾正在消散。

拍摄地点：江西　庐山
拍摄时间：1981 年 1 月 20 日 10 时 50 分
拍摄方向：SE
拍 摄 者：郭恩铭

图 211 雾凇

图中是锯齿形雾凇，"锯齿"宽度达10毫米左右，呈白色。

拍摄地点：江西 庐山
拍摄时间：1981年2月21日08时30分
拍摄方向：N
拍 摄 者：陈越华

图 212　　　　　雾凇

图中是粒状雾凇，呈乳白色。它是过冷雾滴冻结在松树的迎风面上而形成，呈齿形排列，风速越大，雾凇增长越快。

拍摄地点：江西　庐山
拍摄时间：1981 年 2 月 25 日 10 时
拍摄方向：N
拍　摄　者：郭恩铭

图 213　　　　　　　　　　　　　　　　雾凇

图中是针状雾凇，呈白色针状晶状结构，它是降雪天气过后，雾中过饱和水汽和过冷雾滴在枝干上凝华而形成的。

拍摄地点：江西　庐山
拍 摄 者：苏茂

图214　飞机积冰

运-12型飞机上安装着云粒子测量系统的探头。飞机在过冷云区飞行过程中，测量系统的探头出现了很厚的积冰。飞机着陆后测出积冰厚度为6厘米，前支柱上积冰厚度为4毫米。

拍摄地点：新疆　乌鲁木齐
拍摄时间：1987年3月19日14时30分
拍摄方向：N
拍 摄 者：陈跃

图 215 霜

夜间地面冷却到 0℃以下时,近地面空气中的水汽凝华在植物叶面周边的白色冰晶体,即是霜。

拍摄地点:四川 双流机场
拍摄时间:1987 年 12 月 4 日 07 时 10 分
拍摄方向:NE
拍 摄 者:郭恩铭

图 216 霜

早晨近地面气温很低,空气中的水汽凝华在植物叶面周围出现白色针状霜。

拍摄地点:四川

图 217　　　　　　　露

图中草叶上的水珠是露，它是早晨空气中的水汽在地面草叶上凝结而成的。

拍摄地点：北京 紫竹院
拍摄时间：2002 年 4 月 26 日 07 时 05 分
拍摄方向：W
拍 摄 者：郭恩铭

图 218 龙卷

积雨云底部阴暗混乱，在它的中心部位下垂一条直径不大的龙卷，开始由粗变细，后又由短变长，但未及地，总共持续7分钟。

拍摄地点：海南 海口
拍摄时间：1970年9月18日15时56分
拍摄方向：SSW
拍 摄 者：韩森

图 219 龙卷

积雨云降雹，云底部阴暗混乱，在中偏右部位下垂一条直径不大的龙卷，还未接地。

拍摄地点：甘肃 岷县
拍摄时间：1987年6月23日15时
拍摄方向：N
拍 摄 者：刘佛珍

图 220　　　　　　　　**龙卷**

积雨云的底部阴暗混乱，在其中心部位下垂一条龙卷，逐渐由粗变细，后由长变短，逐渐消失。

拍摄地点：海南 海口
拍摄时间：1970 年 9 月 18 日 15 时 57 分
拍摄方向：SSW
拍 摄 者：韩森

图 221　　　　　　　　　　　尘卷风

图中是新疆公格尔九别山区的尘卷风。它往往是由于中午前后太阳辐射增强，局地急剧增热，小股空气对流上升，周围空气迅速补充，形成局地旋涡，夹卷着尘沙旋转向上而形成的。

拍摄地点：新疆

图 222 霾

图中是在高山上观测到的霾层。大量肉眼无法分辨的极细微尘粒均匀浮游在空中，由于逆温作用，使尘粒堆积成暗灰色霾层。

拍摄地点：江西 庐山
拍摄时间：2001 年 10 月 22 日 08 时 10 分
拍摄方向：NW
拍 摄 者：郭恩铭

图 223　　　　　　　霾

从兰州机场向东观测到的霾层。霾顶显得很平整，上部呈红色，这是由于悬浮尘粒散射而成的。

拍摄地点：甘肃 兰州机场
拍摄时间：1983 年 12 月 29 日 06 时 10 分
拍摄方向：E
拍 摄 者：郭恩铭

图 224 沙尘暴

受强冷空气的影响,沙尘暴从西北方向移至测站上空,天空弥漫着土黄色沙尘,能见度低于1000米,严重影响市内交通。

拍摄地点:北京 白颐路
拍摄时间:1990年4月24日16时25分
拍摄方向:N
拍 摄 者:郭恩铭

图 225　　　　　　　　　沙尘暴

受西北气流的影响，沙尘暴逐渐移至测站上空。风速逐渐增大，沙尘更浓，严重影响交通。

拍摄地点：北京 白颐路
拍摄时间：2002 年 3 月 24 日 11 时
拍摄方向：S
拍 摄 者：郭恩铭

图 226　　　　　　　　　　**沙尘暴**

上午沙尘暴逐渐移至北京西郊，能见度逐渐转坏。14时20分风速增大，沙尘更浓，严重影响路上行人正常行进，能见度仅有60米。图中可见行人骑车呼吸都感到困难。

拍摄地点：北京　白颐路
拍摄时间：2002年3月24日14时20分
拍摄方向：SW
拍 摄 者：郭恩铭

图 227 沙尘暴

当天下午西北风风速加大,沙尘更浓,能见度只有500米左右。图227a是晴天测站对面的大楼看得很清楚,图227b沙尘暴最浓密时大楼已看不清楚。

拍摄地点:北京市气象局
拍摄时间:2002年3月24日15时10分
拍摄方向:NE
拍 摄 者:张蔷

飞机上观测云

图 228　　　　　　　　卷层云

图中是清晨飞行高度在 9000～10000 米时拍摄到的景象：东方太阳即将升起，机翼下方的卷层云呈暗黑色，远方还有条状卷云。

拍摄时间：1983 年 6 月 5 日
拍 摄 者：郭恩铭

图229　　　　　　　　　　卷层云和积雨云

飞行高度10000米，拍摄到机翼左下方的卷层云呈暗灰色，机翼左下方两个白色云体是积雨云的顶部。

拍摄时间：1983年6月5日
拍 摄 者：郭恩铭

图 230 卷积云

在高空 10000 米从飞机上拍摄到的云块很小的卷积云，呈白色鱼鳞片状，成群排列，有的很像微风吹拂水面而成的小波纹。

拍摄时间：1983 年 6 月 5 日
拍 摄 者：郭恩铭

图 231　　　　　　　　卷层云

在河南上空飞行高度为 10000 米时拍摄到的卷层云。从飞机上看卷层云顶部也呈波浪形状，起伏不平，云层不厚，呈灰白色。

拍摄时间：1982 年 6 月 13 日
拍 摄 者：郭恩铭

图 232　　　　　　　　　卷云和浓积云

飞机在东海上空航行，飞行高度约在7000米左右。图中上部是毛卷云和密卷云，接近海面上空是浓积云和淡积云。

拍摄时间：2002年5月13日
拍 摄 者：张蔷

图 233　积雨云顶部

飞机在河南上空飞行高度为 9000 米时拍摄到的积雨云，其顶部穿过稳定层，并继续向上发展，云顶周围是高积云。

拍摄时间：1985 年 8 月 8 日
拍 摄 者：郭恩铭

图 234　　　　　　　　**积雨云砧状和浓积云顶部**

飞机的飞行高度 9000 米，图中上方是积雨云砧状云顶，顶部向上凸起，周围的云砧正向左侧伸展。左下方向上凸起的云顶是浓积云。在浓积云顶部周围分布着高积云。

拍摄时间：1985 年 8 月 8 日
拍 摄 者：郭恩铭

图 235　　　　　　　　　砧状积雨云

在9000米高空，从飞机上观测到左前方有一大块砧状积雨云，发展很旺盛，已突破稳定层继续向上发展。积雨云周围分布着高积云。

拍摄时间：1985年8月8日
拍 摄 者：郭恩铭

图 236 砧状积雨云

冷锋已移到辽西地区，飞机航行高度 9000 米，从飞机上观测到在锋面附近有多个砧状积雨云，在积雨云的周围分布着浓积云。

拍摄时间：1988 年 7 月 16 日
拍 摄 者：郭恩铭

图237　　　　　　　砧状积雨云

华北冷锋天气系统已移到山西省境内，沿着冷锋分布着砧状积雨云。由于是早晨飞越山西上空，飞行高度9000米，从飞机上可观测到云体不大的砧状积雨云全貌，它的周围分布着浓积云和淡积云。

拍摄时间：1983年7月22日
拍 摄 者：郭恩铭

图 238　　　　　　　　横断山脉积雨云

飞机飞越横断山脉上空，飞行高度8000米，观测到三个积雨云中的一个单体，云顶已发展成砧状，全部冰晶化，云砧下部呈暗灰色，它的周围分布着淡积云和浓积云。

拍摄时间：1981 年 7 月 22 日
拍 摄 者：郭恩铭

图 239　　　　　　　　浓积云

飞机从广东机场起飞，飞行高度9000米，当越过湖南上空时，观测到发展旺盛的浓积云，云顶向上伸展，在它顶部有白色的幞状云。

拍摄时间：1982年6月13日
拍　摄　者：郭恩铭

图 240　　　　　　　　淡积云

飞机飞越浙江上空时观测到低空的淡积云和浓积云。图中成条状的是高积云。

拍摄时间：1985 年 8 月 10 日
拍 摄 者：郭恩铭

图 241　　　　　　　　荚状高积云

飞机飞越河南与山西上空时，飞行高度 8000 米，观测到多块荚状高积云，云体呈白色，中间厚，边缘薄。

拍摄时间：1986 年 8 月 12 日
拍 摄 者：郭恩铭

图 242　　　　　　　　　　**高层云云顶**

从地面观测高层云布满全天，云底高度约3000米，从飞机上看云顶高度为6000米。高层云云顶起伏不平呈波状。

拍摄时间：1983 年 11 月 2 日 18 时 20 分
拍 摄 者：郭恩铭

图 243　　　　　　　　　**层积云和高层云**

冷锋天气系统移到乌鲁木齐。飞机在层积云上航行，高度 2000 米，观测到层积云云顶比较平整，上层是高层云。飞机往东飞行时可看到博格达峰。

拍摄时间：1982 年 11 月 19 日
拍　摄　者：郭恩铭

图244　　　　　　　　飞机尾迹

飞机在高空飞行时，排出的尾气因冷却凝结，有时会拖出一条"白烟"叫飞机尾迹。图中是在泰山气象站观测到的飞机尾迹。

拍摄地点：山东　泰山
拍摄时间：1997年6月21日11时
拍　摄　者：郭恩铭

图 245　　　　　　　飞机尾迹

图中是飞机在高空进行特技飞行时形成的尾迹，经过 10～15 分钟之后尾迹扩展成粗条状。

拍摄地点：北京　西郊
拍摄时间：1999 年 12 月 18 日 14 时 10 分
拍　摄　者：郭恩铭

地形云

图 246　　　　　　　　　　　珠穆朗玛峰旗云

珠穆朗玛峰的东南侧有云层沿山坡向上伸展，云顶受西风带气流影响，起伏不平，中间波峰比较明显，两边比较平滑。

拍摄地点：西藏 珠峰北侧
拍摄时间：1979 年 10 月
拍摄方向：S
拍 摄 者：曾曙生

图247　　　　　　　　　珠穆朗玛峰旗云

珠峰北侧和东侧的旗云呈轻纱状，顶部被很强的西风吹得平直，但中部云层较厚处略向上凸起。

拍摄地点：西藏　珠峰北侧
拍摄时间：1979年10月
拍摄方向：S
拍　摄　者：曾曙生

图 248　珠穆朗玛峰的荚状云和积雨云

珠峰南侧积雨云正在沿山峰向上发展，云顶呈砧状。左侧上空是荚状卷云，云的中部较厚，两边较薄，正在变化中。

拍摄地点：西藏　珠峰北侧
拍摄时间：1979年10月
拍摄方向：S
拍 摄 者：曾曙生

图 249　　　　　　　珠穆朗玛峰的层积云

图中是珠峰北坡出现的层积云。由于有一逆温层，层积云呈条状、带状，越过山脊时受地形影响，产生波动，部分云裂开，整体变化不大。

拍摄地点：西藏　珠峰北侧
拍摄时间：1981 年 9 月
拍摄方向：SW
拍 摄 者：王富州

图 250　　　　　　　　　珠穆朗玛峰的积雨云

珠峰北面的浓积云正向积雨云发展，云顶向左侧伸展，云底已接近山顶，周围仍是浓积云和淡积云。

拍摄地点：西藏 定日
拍摄时间：1981 年 6 月 25 日 11 时 10 分
拍摄方向：SSE
拍 摄 者：郭恩铭

图 251　　　　　　　　　　　横断山脉层积云

图中大片层积云覆盖着雪山，从云隙处可看到冰川滑动过的遗迹。远处是卷层云。

拍摄地点：西藏 横断山脉
拍摄时间：1981年7月22日15时45分
拍摄方向：NW
拍 摄 者：郭恩铭

图 252   冰川上的淡积云

图中是冰川附近形成的淡积云。这些淡积云是由于冰川表面融化，水汽蒸发后在空中凝结而形成的。

拍摄地点：西藏　洛江
拍摄时间：1981 年 6 月 21 日 14 时 50 分
拍摄方向：N
拍 摄 者：郭恩铭

图 253　　　　　瀑布云

清晨，山谷间充满云雾，由于受逆温层和风向的影响，云雾沿水平方向移动，从山岭向下流动，好像山涧瀑布，即瀑布云。

拍摄地点：江西 庐山
拍摄时间：1986 年 5 月 21 日 07 时 30 分
拍摄方向：E
拍 摄 者：陈越华

图 254　　　　层积云云顶(云海)

图中是层积云布满山谷，由于云中气流较弱，云顶比较平整，远看很像大海，俗称"云海"。

拍摄地点：江西　庐山
拍摄时间：1985 年 12 月 5 日 10 时 10 分
拍摄方向：NW
拍 摄 者：陈越华

图 255　　　　　　　山区层积云

图中层积云布满山区，从地面看不到云顶。云底高度不同，有的遮蔽了张家界的奇山。

拍摄地点：湖南 张家界
拍摄时间：1993 年 9 月 21 日
拍摄方向：N
拍 摄 者：东风

图 256　　　　　碎积云

阿里山水汽丰沛，因局地受热增温，水汽凝结成碎云。碎云云块随山地气流抬升不断地升入空中，云块边缘破碎，呈灰白色。

拍摄地点：台湾　阿里山
拍摄时间：2002 年 5 月 18 日
拍　摄　者：张蔷

图257　　　层积云(黄山云海)

图中层积云布满山区，云顶起伏不平，很像海浪波涛，远处还有几条高积云。

拍摄地点：安徽　黄山
拍摄时间：2002年1月27日17时
拍摄方向：SE
拍 摄 者：赖比星

图 258　　　　　　荚状云

层积云移到山顶时，由于受地形作用，气流产生驻波，层积云演变成五层重叠起来的荚状云。云顶上部仍是蔽光层积云。

拍摄地点：辽宁　虹螺山
拍摄时间：1981 年 8 月 5 日 06 时 30 分
拍摄方向：NE
拍 摄 者：郭恩铭

图 259　　　　　　　　**蔽光高层云和层积云**

漫天的蔽光高层云，云体较厚，均匀成幕，呈灰色。在高层云下面有暗灰色不规则的层积云。

拍摄地点：西藏　唐古拉山
拍摄时间：2001 年 7 月 12 日 11 时 20 分
拍摄方向：SW
拍 摄 者：李光亮

附录　国际云图个例和天气现象个例

图260　　　　　　　　　　　　　　北极上空的高积云（宝光）

图中是飞机飞越北极上空，航行高度约9000米，从飞机上观测到的极地上空的高积云。云顶呈波状，起伏不平。当阳光映照飞机时，飞机的影子投射在高积云上，在它的周围出现了宝光。

拍摄地点：北极上空
拍摄时间：2001年8月30日
拍　摄　者：郭恩铭

图 261 卷云和高积云

旭日东升，映照着高空的密卷云和高积云，呈红黄色，景象十分壮观。近地平线上空长条形的高积云较厚，呈暗灰色。

拍摄地点：乌克兰 第聂伯彼得罗夫斯克
拍摄时间：1995 年 9 月 5 日 06 时 30 分（地方时）
拍 摄 者：郭恩铭

图 262   **荚状层积云**

黑海北岸是高山，由于地形的影响，在海边上空出现荚状层积云，云底呈暗灰色，沿海岸排列成行，边缘有几块碎云，远处是高积云。

拍摄地点：乌克兰 雅尔塔
拍摄时间：1995 年 9 月 7 日 16 时 40 分（地方时）
拍 摄 者：郭恩铭

图263　　　　　　　　　　淡积云和瀑布（虹）

图中是尼亚加拉瀑布。伊利湖水流到悬崖时，由于地形的落差，形成十分壮观的大瀑布，溅散的众多水滴在空中飘浮，阳光照射在水滴上即出现美丽的虹和霓。远方还有淡积云。

拍摄地点：美国 尼亚加拉瀑布
拍摄时间：2001年8月14日11时17分（地方时）
拍　摄　者：G.简尼佛尔

图 264　　　　　　　　瀑布、虹、霓

阳光照射在瀑布溅散的众多水滴上，由于水滴对阳光折射和反射作用而形成了如图中的虹和霓。

拍摄地点：美国 尼亚加拉瀑布
拍摄时间：2001 年 8 月 13 日 19 时 09 分（地方时）
拍 摄 者：G.简尼佛尔

图 265　　　　　　　宝光

飞机在高空航行，高积云布满空中，阳光照射机身投影在高积云顶部，出现宝光。

拍摄地点：美国　切汉思
拍摄时间：1977 年 9 月 13 日
拍　摄　者：R.F 兰肯

图 266　　　　　　　　淡积云

多个淡积云连接成长条形状，但云顶凸起仍很明显，高空是高积云。

拍摄地点：南极 长城站（62°S）
拍摄时间：2001年2月2日09时39分（地方时）
拍摄方向：NW
拍 摄 者：杨志彪

图 267　　　　　　　　层积云

层积云分布在低空。云体右部出现下垂的雪幡。

拍摄地点：南极　中山站（69°S）
拍摄时间：1990年1月15日下午
拍 摄 者：卞林根

图 268　　　　　　　　**层积云**

图中是大片透光层积云，云层较厚，云顶部稍有起伏。

拍摄地点：南极　长城站（62°S）
拍摄时间：1985 年 10 月 16 日下午
拍 摄 者：卞林根

图 269　　　　　　　　荚状高积云

傍晚时，荚状高积云分布在北极地区，云块大小很不均匀，云块较厚，边缘受夕阳照射呈灰白色。

拍摄地点：北极 郎伊尔宾（78°N）
拍摄时间：2002 年 8 月 27 日
拍摄方向：W
拍 摄 者：陆龙骅

图270 透光高积云

透光高积云系统移入测站北部天空，云的厚薄很不均匀，呈白色。

拍摄地点：南极 中山站（69°S）
拍摄时间：2000年2月26日上午
拍摄方向：N
拍 摄 者：陆龙骅

图 271　　　　　　卷积云

图中的卷积云是密卷云逐渐演变而成的，卷积云个体明显呈波纹状排列，左边的卷积云波纹状还不太明显，正在变化中。

拍摄地点：北极　郎伊尔宾（78°N）
拍摄时间：2002年8月3日21时（地方时）
拍摄方向：N
拍　摄　者：陆龙骅

图 272 密卷云

图中是密卷云,颜色洁白,呈条状排列,中间较厚类似荚状,云体边缘毛丝般纤维结构清晰。

拍摄地点:南极 中山站(69°S)
拍摄时间:2000年2月19日23时(地方时)
拍摄方向:N
拍 摄 者:陆龙骅

图 273   **卷层云**

卷层云逐渐布满全天，云层很薄，均匀成层，右侧边缘有丝缕结构。透过云层可见太阳在其周围有晕圈出现。

拍摄地点：南极 长城站（62°S）
拍摄时间：2001年3月11日10时（地方时）
拍摄方向：N
拍 摄 者：杨志彪

图 274　　　　　　　　　**毛卷云**

毛卷云呈辐辏状，系统地向测站上空发展，毛丝般结构很明显。

拍摄地点：南极 中山站（69°S）
拍摄时间：1991年2月28日下午
拍 摄 者：卞林根

图 275　　　　　　　　极光

在南极地区高层大气中出现的极光。

拍摄地点：南极　中山站（69°S）
拍摄时间：1990 年 7 月 15 日午夜
拍 摄 者：卞林根

图 276 北极光

由于太阳粒子流轰击高层大气使其激发或电离的彩色发光现象，图中即是北极光。

拍摄地点：美国 阿拉斯加
拍摄时间：1977 年 1 月 28 日
拍 摄 者：S.I 阿克索夫

图 277 珠母云

图中是在北极地区出现的珠母云，它的形状好似菱形，中间发亮，周边淡红色。

拍摄地点：阿拉斯加
拍摄时间：1950 年 1 月 24 日 19 时 50 分（地方时）
拍 摄 者：J·瓦鲁登

图 278　　　　　龙卷

图中积雨云底部在海面上形成了龙卷。这是由于剧烈旋转的风暴，在云底部形成了强烈的漏斗状云将海面的海水吸入云中。

拍摄地点：美国　佛罗里达
拍摄时间：1975年5月28日17时00分（地方时）
拍　摄　者：H.B布鲁斯梯

图 279　　　　　沙尘暴

冷锋天气系统带来了强风，卷起地面尘沙像海潮似地向前滚动。图中是从飞机上拍摄的沙尘暴。

拍摄地点：叙利亚　大马士革
拍摄时间：1951年4月17日14时00分（地方时）
拍　摄　者：阿俄内米特

图 280　　　　　尘卷风

由于地面强烈增温而形成较强的旋风，卷起了大量的地面尘沙，并形成从地面到空中呈黄色柱状，下粗上细的尘卷风。

拍摄地点：墨西哥
拍摄时间：1977年3月25日15时25分（地方时）
拍　摄　者：J.de克吉尔

参 考 文 献

〔1〕WORLD METEOROLOGICAL ORGANIZATION. INTERNATIONAL CLOUD ATLAS VOLUME Ⅱ. 1987

〔2〕国家气象局. 中国云图. 北京：科学出版社. 1984

〔3〕中国气象局. 地面气象观测规范. 北京：气象出版社. 2003

〔4〕大气科学名词审定委员会. 大气科学名词. 北京：科学出版社. 1996

〔5〕王鹏飞. 王鹏飞气象史文选. 北京：气象出版社. 2001

使用说明

《中国云图》是根据世界气象组织(WMO)关于云的观测规定和中国气象局的《地面气象观测规范》中关于云的观测规定而编写的。

《中国云图》正文分为文字说明和图片说明两部分。文字部分包括：云的分类、云的特征和云的编码。图片说明包括：低云、中云、高云、天气现象、飞机上观测云和地形云。另附录国际云图个例和天气现象个例。

一、云的分类

根据《地面气象观测规范》规定，按云的底部距地面高度分为低、中、高三族，再按云的外形特征、宏微观物理结构和成因划分为十属二十九类云状（详见云图表1）。

根据各地（南方、北方、沿海、高原等）的特点，《地面气象观测规范》中给出各云属的常见云底高度作为气象观测员参照的依据（详见表3）。

表3 各属云常见云底高度范围表

云属	常见云底高度范围（m）	说　　明
积云	600～2000	沿海及潮湿地区，或雨后初晴的潮湿地带，云底较低，有时在600 m以下；沙漠和干燥地区，有时高达3000 m左右
积雨云	600～2000	一般与积云云底相同，有时云底比积云低
层积云	600～2500	当低层水汽充沛时，云底高可在600 m以下。个别地区有时高达3500 m左右
层云	50～800	与低层湿度有密切关系，湿度大时云底较低；低层湿度小时，云底较高
雨层云	600～2000	刚由高层云演变成的雨层云，云底一般较高
高层云	2500～4500	刚由卷层云演变成的高层云，有时可高达6000 m左右
高积云	2500～4500	夏季，在我国南方，有时高达8000 m左右
卷云	4500～10000	夏季，在我国南方，有时高达17000 m；冬季在我国北方和西部高原地区可低至2000 m以下
卷层云	4500～8000	冬季在我国北方和西部高原地区，有时可低至2000 m以下
卷积云	4500～8000	有时与卷云高度相同

二、云的特征

云的生成、发展和消失是十分复杂的物理过程。气象观测员熟练地掌握云的外形特征，就能够准确地识别各类云状，并不断提高观测云的水平。

各类云的特征详见云图中的叙述。

三、云的编码

《地面气象观测规范》中规定，气象观测员在定时观测云的时候，要细心判定云状，估计云量，选定云的电码。云的编码详见云图表2。

四、图片和说明

为使气象观测员能够了解各地（南方、北方、高原、海岛等）上空的各种云的特征，云图中选入了259张在各地拍摄的低云、中云、高云、天气现象、飞机上观测云和地形云的照片，供观测员参考。另外，云图中增加了国际云图个例和天气现象个例，还特别增加了珠穆朗玛峰、南极、北极等地区的云图个例，供气象观测员学习了解。

1. 淡积云、碎积云

云图中有典型淡积云和碎积云，也有一般常见的淡积云、碎积云的云场分布。另选一张从高空9000米飞机上拍摄的淡积云和碎积云（见图16）。以便了解淡积云和碎积云分布的状况。

2. 浓积云

浓积云是由淡积云发展而成的。每个浓积云的发展时间、地点和条件都不相同。高原地区由于海拔高度较高，因而云底高度相对较低。浓积云的顶部常出现幞状云（如图24）。从飞机上观测的浓积云可以看到云体全貌（如图26）。

3. 积雨云

积雨云是由浓积云进一步发展而形成。每当发展旺盛的浓积云顶部冰晶化时（云顶显出白色，顶部凸起部位出现发毛现象）即是秃积雨云（如图27）。

秃积雨云进一步发展成砧状积雨云，最后发展成鬃状积雨云（见图29）。有时观测到积雨云向测站移来时，由于逆光云体会显得阴暗（如图33）。积雨云云底部常观测到降雨带或雨幡。积雨云云底起伏不平，这是由于上升和下沉气流的作用，出现的悬球状云底（如图39）。另外从飞机上可观测到大范围的积云场分布状况，在较远的边缘有鬃状积雨云的顶部（见图52）。

4. 层积云、层云、雨层云

（1）层积云是由积云平衍扩展、降雨后云层升高或地形影响等而形成。云体呈长条形，中间向上凸起，但仍保持积云特征。早晚层积云被阳光照射而出现光芒四射的霞光，景色十分美丽（如图53和57）。

（2）层云多出现在沿海、江、河、湖面上空（如图64~67），云底较低。它由浓雾抬升或由潮湿空气抬升而形成。层云一般持续时间不长，当太阳辐射增强时，逐渐抬升演变成碎层云，而后逐渐消散。

（3）雨层云云底较低，呈灰色，云层较厚，经常伴有碎雨云，并出现连续性降雨（雪）（如图69~75）。

5. 高层云、高积云

（1）高层云多形成于暖锋天气系统。冷锋天气系统也容易形成高层云。每当暖锋云系发展过程中，高层云介于雨层云和卷层云之间，在地面观测到的高层云常常由卷层云增厚或雨层云变薄而成。高层云分为透光高层云和蔽光高层云。透光高层云云层较薄也比较均匀，呈灰白色，透过云层可以看到比较模糊的日月轮廓（见图77和78）。蔽光高层云云层较厚，有时降小雨（雪）（见图79和80）。

（2）观测高积云的时候，常看到云块较小，轮廓分明，薄的云块呈白色或其它形状。在早晚观测时，高积云被阳光照射呈红黄色（如图81~83）。

有时高积云云块较厚，并相互联接，日月轮廓分辨不清（如图92）。

高积云常呈扁圆形、鱼鳞片形、瓦块状和水波状的密集云条，成群成行，成波状排列。每当日月光透过薄的高积云时，常形成内蓝外红的光环或华。

高积云出现时，由于形状特征不同，还分为积云性高积云、絮状高积云和堡状高积云（如图88~114）。

6. 卷云

卷云常分布在高空，由冰晶组成，呈白色，远在天边时呈淡黄色，日出日落时呈金黄色或黄红色，夜间是黑灰色。

卷云有毛丝般的光泽。卷云的形状有丝条状、片状、羽毛状、钩状、团状和砧状等。依据外形特征分为：毛卷云、密卷云、伪卷云、钩卷云、毛卷层云、薄幕卷层云和卷积云。

（1）密卷云云体较厚，薄的部分呈白色，厚的部分略有暗影。密卷云呈块状分布在高空时常常出现雪幡（见图128）。

（2）伪卷云是积雨云发展旺盛，并产生降雨之后，云体的顶部逐渐脱离主体，仍保持砧状分散在高空（如图133和136）。

（3）钩卷云是较厚密的条状卷云分布在高空。由于云条下垂被风速较大的高空风吹成钩状。钩卷云在高空出现时，多预示将有降雨天气系统影响测站。

（4）薄幕卷层云移到测站上空时，能够看到云层较薄，但比较均匀。由于云层是由冰晶组成，当日月透过云层时，常出现晕圈和假日（如图147）。

（5）卷积云的外貌很像鳞片，呈球状或波纹状分布在高空。卷积云是由卷云、卷层云或高积云演变而成（如图149~158）。卷积云的出现预示着不稳定天气系统即将影响测站。卷积云变化较快，观测时应时刻注意云天的演变过程。

7. 天气现象

天气现象的图片含有光、电、降水、凝结、凝华、视程障碍和特征风等。当某种天气现象出现时，可参照图片（159~227）准确识别，并按《地面气象观测规范》的要求记录。

8. 飞机上观测云、地形云和附录的国际云图个例、天气现象个例的图片（图228~280）仅供有关专业气象观测参照运用。

中国云图索引

云类	地域（图片）	电码	图号	页码
淡积云	草原	C_L1	1、9	11、19
淡积云	草原	C_L1	2、3、5	12、13、15
淡积云	江河	C_L1	4	14
淡积云	山地	C_L1	6	16
碎积云和淡积云	江河	C_L1	7	17
淡积云	高原	C_L1	8、12	18、22
碎积云	高原	C_L1	10	20
淡积云和碎积云	岛屿	C_L1	11、15	21、25
淡积云	岛屿	C_L1	13、14	13、14
淡积云	航线	C_L1	16	26
浓积云	平原	C_L2	17~20、22	27~30、32
浓积云	山地	C_L2	21	31
浓积云	高原	C_L2	23、24	33、34
浓积云	海洋	C_L2	25	35
浓积云	航线	C_L2	26	36
秃积雨云	平原	C_L3	27	37
秃积雨云	高原	C_L3	28	38
浓积云向积雨云过渡	平原	C_L2、C_L9	29a.b.c，30a.b.c	39、40
浓积云和积雨云	高原	C_L9	31	41
鬃积雨云	高原	C_L9	32	42
鬃积雨云	平原	C_L9	33	43
鬃积雨云	岛屿	C_L9	34	44
积雨云	江河	C_L9	35	45
积雨云	平原	C_L9	36、37	46、47
积雨云悬球状云底	平原、草原	C_L9	38~40	48~50
积雨云	平原	C_L9	41	51
积雨云降雨	平原	C_L9	43、45	53、55
积雨云降雹	高原	C_L9	44、46	54、56

云类	地域（图片）	电码	图号	页码
积雨云云底	山地，海洋	C_L9	48、49	58、59
积雨云云砧底部	港湾	C_L9	50	60
海上积雨云	港湾	C_L9	51	61
鬃积雨云	航线	C_L9	52	62
积云性层积云	平原	C_L4	53~55	63~65
透光层积云	平原、山地	C_L5	56、57	66、67
透光层积云	平原	C_L5	58、59	68、69
蔽光层积云	湖泊、江河	C_L5	60~62	70~72
层积云	高原	C_L5	63	73
层云	港湾、高原	C_L6	64~67	74~77
碎层云	高原	C_L6	68	78
雨层云和碎雨云	山地、岛屿	C_L7、C_M2	69、70	79、80
雨层云	高原	C_M2	71、72	81、82
雨层云	山地	C_L7、C_M2	73、74	83、84
雨层云	草原	C_L7、C_M2	75	85
积云和层积云	高原	C_L8	76	86
透光高层云	平原	C_M1	77、78	89、90
蔽光高层云	平原	C_M2	79、80	91、92
透光高积云	平原	C_M3	81	93
透光高积云	高原	C_M3	82	94
透光高积云	港湾	C_M3	83	95
荚状高积云	平原	C_M4	84~87	96~99
透光高积云	平原	C_M5	88、90、92、94~96	100、102、104、106~108
透光高积云	山地	C_M5	89、93	101、105
透光高积云	湖泊	C_M5	91	103
透光高积云	草原	C_M5	97	109

云类	地域（图片）	电码	图号	页码
积云性高积云	高原、平原	C_M6	98、99	110、111
蔽光高积云	平原、港湾	C_M7	100~102	112~114
高积云和高层云	港湾	C_M7	103	115
高积云和蔽光高层云	港湾	C_M7	104	116
高积云（双层）	平原	C_M7	105	117
堡状层积云	平原	C_M8、C_H1	106	118
堡状层积云	港湾、岛屿	C_M8、C_H2	107、108	119、120
堡状高积云	平原、沙州	C_M8	109~111	121~123
絮状高积云	平原	C_M8	112~114	124~126
混乱天空高积云	平原	C_M9	115、116	127、128
毛卷云	平原	C_H1	117、118、120、123	131、132、134、137
毛卷云	山地、湖泊	C_H1	119、121	133、135
毛卷云	草原	C_H1	122	136
毛卷云	高原	C_H1	124	138
密卷云	平原	C_H2	125~128	139~142
密卷云	山地、高原	C_H2	129~132	143~146
伪卷云	湖泊、江河	C_H3	133、134	147、148
伪卷云	山地、港湾	C_H3	135、136	149、150
钩卷云	平原	C_H4	137~139	151~153
钩卷云	草原、山地	C_H4	140、141	154、155
辐辏状卷云和卷层云	平原	C_H5	142	156
毛卷层云	岛屿、山地	C_H6	143~145	157~159
毛卷层云	岛屿	C_H7	146	160
薄幕卷层云	平原	C_H7	147	161
毛卷层云	海洋	C_H8	148	162
卷积云	平原	C_H9	149~152、154~158	163~166、168~172
卷积云	山地	C_H9	153	167

天气现象	地域（图片）	图号	页码
虹	平原	159~161	175~177
华	岛屿、平原	162~164	178~180
华	山地	165	181
假日	山地、平原	166、167	182、183
日柱	山地	168	184
晕	平原	169、170	185、186
宝光	山地	171~173	187~189
虹彩	平原	174	190
曙暮光楔	航线	175	191
蜃景	海洋	176	192
闪电（线状）	平原	177~179	193~195
闪电（枝状）	平原、草原	180~182	196~198
闪电（球状）	平原	183	199
闪电（云中闪电）	平原	184	200
云滴	山地	185	201
冻滴	山地	186	201
冰晶和雪晶	山地	187	202
米雪	山地	188	202
霰	山地	189	202
雨滴	山地	190	203
雨凇	山地、平原	191、192	204、205
冰雹	平原	193、194	206、207
雪	平原	195	208
雾	河、湖	196	209
辐射雾	平原	197~200	210~213
锋面雾	江河、港湾	201、202	214、215
海雾（平流雾）	港湾	203	216

天气现象	地域（图片）	图号	页码
蒸发雾	河、湖	204	217
轻雾	山地	205	218
雾凇	山地、平原	206~213	219~226
飞机积冰	航线	214	227
霜	平原	215、216	228、229
露	平原	217	230
龙卷	岛屿、山地	218~220	231~233
尘卷风	沙州、山地	221	234
霾	平原	222、223	235、236
沙尘暴	平原	224~227	237~240

飞机上观测云	地域（图片）	图号	页码
卷层云	航线	228、231	243、246
卷层云和积雨云	航线	229	244
卷积云	航线	230	245
卷云和浓积云	航线	232	247
积雨云顶部	航线	233~238	248~253
浓积云	航线	239	254
淡积云	航线	240	255
荚状高积云	航线	241	256
高层云云顶	航线	242	257
层积云和高层云	航线	243	258
飞机尾迹	山地、平原	244、245	259、260

地形云	地域（图片）	图号	页码
珠穆朗玛峰旗云	高原、山地	246、247	263、264
珠穆朗玛峰的荚状云和积雨云	高原、山地	248	265
珠穆朗玛峰的层积云	高原、山地	249	266
珠穆朗玛峰的积雨云	高原、山地	250	267

地形云	地域（图片）	图号	页码
横断山脉层积云	高原、山地	251	268
冰川上的淡积云	高原、山地	252	269
瀑布云	山地	253	270
层积云云顶（云海）	山地	254、257	271、274
山区层积云	山地	255	272
碎积云	岛屿、山地	256	273
荚状云	山地	258	275

国际云图个例和天气现象个例	地域（图片）	图号	页码
蔽光高层云和层积云	高原、山地	259	276
北极上空的高积云	航线	260	279
卷云和高积云	平原	261	280
荚状云	港湾	262	281
淡积云和瀑布（虹）	湖泊	263	282
瀑布、虹、霓	湖泊	264	283
宝光	航线	265	284
淡积云	南极	266	285
层积云	南极	267、268	286、287
荚状高积云	北极	269	288
透光高积云	南极	270	289
卷积云	北极	271	290
密卷云	南极	272	291
卷层云	南极	273	292
毛卷云	南极	274	293
极光	南极	275	294
北极光	北极	276	295
珠母云	北极	277	295
龙卷	海洋	278	296
沙尘暴	沙州	279	296
尘卷风	沙州	280	296